21世纪普通高校计算机公共课程系列教材

U0645623

Python
编程基础及应用

李梅 姜琳琳 董相志 编著

清华大学出版社
北京

内 容 简 介

本书注重知识点间的交叉融合以及 Python 应用能力的培养,深入浅出地阐述 Python 程序设计的基础知识,同时着重介绍 Python 在科学计算、气象、生物、地理、网络爬虫等领域的应用;通过丰富的案例,将 Python 理论与实践有机结合,让编程不再枯燥,易学有趣。

本书共 9 章,分为上、下两篇。上篇为 Python 基础(第 1～5 章),详细介绍 Python 基本语法、数据类型、程序的控制结构和函数。下篇为 Python 应用(第 6～9 章),介绍文件操作及数据处理、NumPy 库、Pandas 数据分析方法、Biopython/Seaborn 可视化的内容,以及 Python 在科学计算、数据处理、网络爬虫等领域的应用。

本书叙述清晰,案例丰富,读者可以循序渐进地学会 Python 编程方法及应用。

本书既可作为高等院校本科计算机类相关专业和非计算机类专业学生的教学用书,也可作为 Python 语言爱好者的自学用书。

图书在版编目(CIP)数据

Python 编程基础及应用 / 李梅,姜琳琳,董相志编著. -- 北京:清华大学出版社,2025.7.
(21 世纪普通高校计算机公共课程系列教材). -- ISBN 978-7-302-69682-7

Ⅰ. TP312.8

中国国家版本馆 CIP 数据核字第 202518CQ34 号

责任编辑:贾 斌 张爱华
封面设计:刘 键
责任校对:郝美丽
责任印制:刘 菲

出版发行:清华大学出版社
      网 址:https://www.tup.com.cn,https://www.wqxuetang.com
      地 址:北京清华大学学研大厦 A 座 邮 编:100084
      社 总 机:010-83470000 邮 购:010-62786544
      投稿与读者服务:010-62776969,c-service@tup.tsinghua.edu.cn
      质量反馈:010-62772015,zhiliang@tup.tsinghua.edu.cn
      课件下载:https://www.tup.com.cn,010-83470236
印 装 者:三河市人民印务有限公司
经 销:全国新华书店
开 本:185mm×260mm 印 张:14.5 字 数:352 千字
版 次:2025 年 8 月第 1 版 印 次:2025 年 8 月第 1 次印刷
印 数:1～1500
定 价:49.00 元

产品编号:109172-01

前　言

Python 是一门简洁、优雅、高效的语言,由于其易学、易用以及功能强大的内置对象、标准库和扩展库,使其在科学计算、数据分析、人工智能等众多领域有着广泛的应用。几乎所有的计算领域、所有专业的学生,均可以找到 Python 与其专业领域应用的结合点。由于上述优点,Python 成为很适合大学生学习和掌握的一门程序设计语言。

本书提供了大量的问题求解案例,既注重知识点从单一到综合的呈现,又注重知识点间的交叉融合,希望学生能通过这些具体案例更好地掌握 Python 程序的编写方法,并基本具备应用 Python 解决实际应用问题的能力,同时也为后续与 Python 相关的更深入学习打下良好基础。

1. 本书内容

全书共 9 章,分为上、下两篇。

上篇为 Python 基础(第 1～5 章),详细介绍 Python 基本语法、数据类型、程序的控制结构和函数。从基本数据类型到组合数据类型,体会处理数据过程中的类型选择。通过程序控制结构,详细说明分支结构与循环结构在实现程序逻辑中的运用。通过函数理解程序模块化思想。

下篇为 Python 应用(第 6～9 章),从常用的文本文件、CSV 文件、JSON 文件介绍文件基本操作和数据处理方法。展示常用 Python 库在实际编程中的运用,包括 turtle(绘图)、wordcloud(词云)、jieba(中文分词)等。结合案例详细介绍了 Python 在科学计算、气象、生物及地理等典型领域中的数据处理及可视化应用;以图书爬虫的设计为例,循序渐进地讲述基于 Scrapy 框架的爬虫设计原理与编程方法。

2. 本书特点

(1) 通俗易懂。使用简练的语言表述,由浅入深,从编程思维引导,让初学者体会怎样用程序解决简单的问题。

(2) 易于实践。选取有趣的、贴近生活的丰富案例,并通过分析、代码编写、程序说明进行叙述,注重编程能力的培养。

(3) 学练结合。每章提供课后习题和编程练习,用于巩固本章知识,将理论转化为实践。

(4) 根据目前的技术发展需求增加了基于 Python 语言的科学计算、数据处理及可视化、网络爬虫等技术,让学生能够利用 Python 语言解决实际问题。

本书提供了丰富的资源，包括教学大纲、教学课件、案例代码和习题答案，可扫描下方二维码获取学习。

本书由李梅、姜琳琳、董相志负责统筹、规划及编写。

由于作者水平有限，对有些知识的理解和研究不够深入，书中难免有疏漏之处，敬请各位专家、学者、同仁和广大读者批评指正！

作　者

2025 年 6 月

目 录

上篇　Python 基础

上篇
Python基础

第1章

初识Python语言

【本章导读】

Life is short，you need Python。

人生苦短，我用 Python。

——吉多·范罗苏姆（Guido van Rossum）

【本章主要内容】

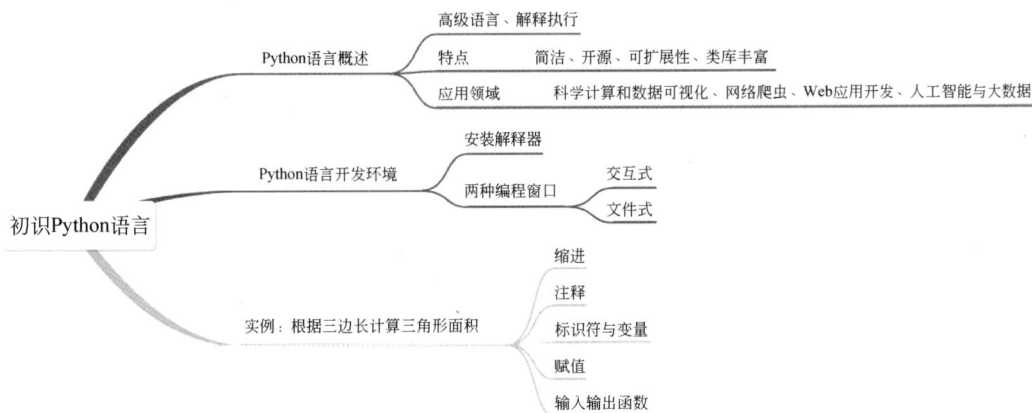

1.1 Python 语言概述

1.1.1 程序设计语言

程序设计语言是计算机能够理解和识别用户操作意图的一种交互体系，它按照特定规则组织计算机指令，使计算机能够自动进行各种运算处理。按照程序设计语言规则组织起来的一组计算机指令称为计算机程序，也叫编程语言。程序设计语言包括 3 个大类：机器语言、汇编语言和高级语言。

1. 机器语言

机器语言是以二进制代码表示的指令集合，是计算机硬件能够识别的、不用翻译直接供机器使用的程序设计语言。

这种语言的可读性差,不易记忆,编写程序困难并且烦琐,容易出错,在程序调试和修改时难度巨大,不容易掌握和使用。机器语言直接依赖于中央处理器,所以用某种机器语言编写的程序只能在相应的计算机上执行,无法在其他型号的计算机上执行。也就是说,可移植性差,给计算机的推广使用带来很大的障碍。

例如,用机器语言编写的 3+5 程序:

$$\left.\begin{matrix} 1011000 \\ 0000011 \end{matrix}\right\}$$ 将数据 3 送入累加器 AL 中

$$\left.\begin{matrix} 0000100 \\ 0000101 \end{matrix}\right\}$$ 把 AL 中的数据同 5 相加,结果放在 AL 中

2. 汇编语言

汇编语言是"符号化"的机器语言。为了克服机器语言的缺点,20 世纪 50 年代初,出现了汇编语言。汇编语言用比较容易识别、记忆的助记符替代特定的二进制串。例如,使用 ADD 来替代加法的二进制指令。通过这种助记符,人们就能较容易地读懂程序,调试和维护程序也更方便了。

例如,用汇编语言编写的 3+5 程序:

```
MOV AL,3                        //把 3 送到 AL 中
ADD AL,5                        //3+5 的结果仍放在 AL 中
```

可以看出,使用汇编语言后,程序的可读性增强了。但在汇编语言中使用的助记符号计算机无法识别,需要一个专门的程序将其翻译成机器语言,这种翻译程序被称为汇编程序。尽管汇编语言比机器语言方便,但汇编语言仍然具有许多不便之处,程序编写的效率远远不能满足需要,而且可移植性差。

通常将机器语言和汇编语言都称为低级语言。

3. 高级语言

高级语言是以人类的自然语言和数学公式为基础的一种编程语言,基本脱离了机器硬件系统,通用性较好。高级语言的使用,大大提高了程序编写的效率和程序的可读性。同时,高级语言的语句是面向问题的,而不是面向机器的,高级语言的书写方式更接近人们的思维习惯,对问题和其求解的表述比汇编语言更容易理解,更加简化了程序的编写和调试,编程序的效率大大提高。

例如,用高级语言编写的 3+5 程序:

```
A = 3 + 5                       //3+5 的结果存放在变量 A 中
```

用高级语言编写的程序称为源程序。源程序不能直接被计算机执行,必须经过编译或解释成机器语言才能被运行,如图 1.1 所示。

编译:编译器将源代码一次性翻译成机器语言,生成可执行文件。这个过程在程序运行时不需要再次翻译,因此执行速度快。编译器生成的机器码可以直接被计算机执行,不需要额外的解释步骤。优点:执行速度快,适合需要高性能的应用程序;缺点:跨平台性差,

图 1.1　高级语言被编译或解释成机器语言示意图

需要在不同操作系统上重新编译。

　　解释：源程序代码一边由解释器翻译成机器语言，一边执行，效率比较低，不生成独立的可执行文件，应用程序不能脱离其编译器。但该方式纠错和维护方便，并且可以在任何操作系统上运行，可移植性好。

　　目前流行的高级语言包括 Python、C、Java、C++、C♯等。C、Java、C++属于编译执行的语言，着重于性能和编程的灵活性，语法较复杂。Python属于解释执行的语言，与其他语言相比，更接近自然语言，关键字少、结构简单，代码更加清晰和易于阅读。学习者可以在较短的时间内掌握编程方法，借助其丰富的第三方库，可以快速地完成一些复杂的开发任务。

1.1.2　Python 语言简介

　　Python 的创始人为荷兰人吉多·范罗苏姆。1989 年圣诞节期间，在阿姆斯特丹，他为了打发圣诞节的无趣，决心开发一个新的脚本解释程序，作为 ABC 语言(一种为非专业程序员设计的编程语言)的一种继承，因此诞生了 Python 语言。Python，译为蟒蛇，源于吉多·范罗苏姆喜爱的一部电视喜剧《蒙提·派森的飞行马戏团》(*Monty Python's Flying Circus*)。

　　1991 年，第一个公开发行的 Python 解释器诞生，这个版本包含了诸多基本的语言特性，如模块、异常处理、函数以及核心数据类型(字符串、列表等)。

　　2000 年 10 月，Python 2.0 正式发布，引入了重要的特性，包括垃圾回收机制和 Unicode 支持。在此之后，Python 逐渐成为一门适用于多领域的编程语言，从 Web 开发到科学计算。

　　2008 年 12 月，Python 3.0 正式发布，这个版本在语法层面和解释器内部做了很多重大改进，解释器内部完全采用面向对象的方式实现。这些重要修改所付出的代价是 Python 3.x 系列版本代码无法向下兼容 Python 2.0 系列的既有语法，因此，目前 Python 2.x 和 Python 3.x 共存。

1.1.3　Python 语言的特点

　　Python 语言有以下 5 个特点。

　　(1) 语法简洁。Python 结构清晰，语法简洁，易于使用。

　　(2) 跨平台可移植性。作为脚本语言，Python 程序可以在任何安装解释器的计算机环境中执行。因此，用该语言编写的程序可以不经修改地移植到 Linux、Windows 和 macOS 等平台上直接运行。

　　(3) 可扩展性。Python 语言被称为"胶水语言"，它能方便地调用其他编程语言所编写的程序，如 C/C++编写的代码运行速度比 Python 更快，当一段关键代码需要采用 C/C++编写时，在 Python 中调用这段程序即可。

（4）开源理念。对于高级程序员，Python语言开源的解释器和函数库具有强大的吸引力，更重要的，Python语言倡导的开源软件理念为该语言的发展奠定了坚实的群众基础。

（5）类库丰富。Python解释器提供了几百个内置类和函数库，此外，世界各地程序员通过开源社区贡献了十几万个第三方函数库，几乎覆盖了计算机技术的各个领域。借助这些库，可以快速、方便地解决各行业、各领域的诸多复杂问题。大部分库都经过反复迭代和优化，在缩短开发时间的同时，也可以提升程序的运行效率。

Python语言也有一些局限性，例如一行一条语句，强制缩进，运行速度慢。

1.1.4   Python的应用领域

目前，Python是多学科应用中普遍使用的编程语言之一。Python在科学计算和数据可视化、Web应用开发、数据抓取、人工智能与大数据、系统运维、图形界面开发等诸多领域都有广泛应用。

1. 科学计算与数据可视化

Python语言的简洁性、易读性和可扩展性使它被广泛应用于科学计算和统计领域。专用的科学计算扩展库包括NumPy、SciPy、Matplotlib等，它们分别为Python提供了快速数组处理、数值运算和绘图功能。因此，Python语言及其众多的扩展库所构成的开发环境十分适合工程技术、科研人员处理实验数据、制作图表、绘制高质量的2D和3D图像，甚至开发科学计算应用程序。众多开源的科学计算软件包都提供了Python的调用接口，例如，计算机视觉库OpenCV、三维可视化库VTK、医学图像处理库ITK等。

2. Web应用开发

Python语言支持函数式编程和面向对象编程（OOP），可以进行常规的软件开发、脚本编写、网络编程。在Web开发方面，Python提供了多种Web开发框架，如Django、Tornado、Flask（微型框架）。目前许多大型网站均是用Python开发的，如豆瓣、视频网站YouTube、网络文件同步工具Dropbox等。

3. 人工智能

在人工智能方面，Python广泛应用于机器学习、神经网络、深度学习等。Python的PyTorch、Keras、TensorFlow等众多深度学习框架的广泛应用，使其成为人工智能的主流编程语言。

4. 自动化运维

大数据时代，服务器、存储设备的数量越来越多，大数据集中趋势越来越明显，网络也变得更加复杂，用户体验和数据时效性要求更高，IT运维对实时采集和海量分析要求更高。Python以其数据处理能力强、可移植性强、开发效率高和兼容性好等特点，成为所有运维人员必须掌握的程序设计语言。

5. 网络爬虫

随着网络的迅速发展，万维网成为海量信息的载体。网络爬虫就是按照一定的规则，自动获取网络上网页内容并按照指定规则提取相应内容的技术。结合Scrapy、requests、BeautifulSoup、urllib等第三方库，Python可以快速完成数据采集、处理和存储，因此Python

是网络爬虫领域绝对的主力。

除了以上列出的应用领域之外，Python 语言在云计算、游戏开发等方面也有优异的表现。著名的云计算框架 OpenStack 就是基于 Python 开发的。pygame、cocos2d、pymunk、arcade 等第三方库让游戏开发变得更加简单快速。

1.2　Python 语言开发环境

1.2.1　安装 Python 解释器

要想编写、调试和运行 Python 程序，首先必须正确安装 Python 解释器。Python 解释器是一个轻量级的小尺寸软件（为 25～30MB），用户可以直接从 Python 官方网站（www.python.org）根据操作系统版本下载合适的 Python 安装包。Python 的下载界面如图 1.2 所示。

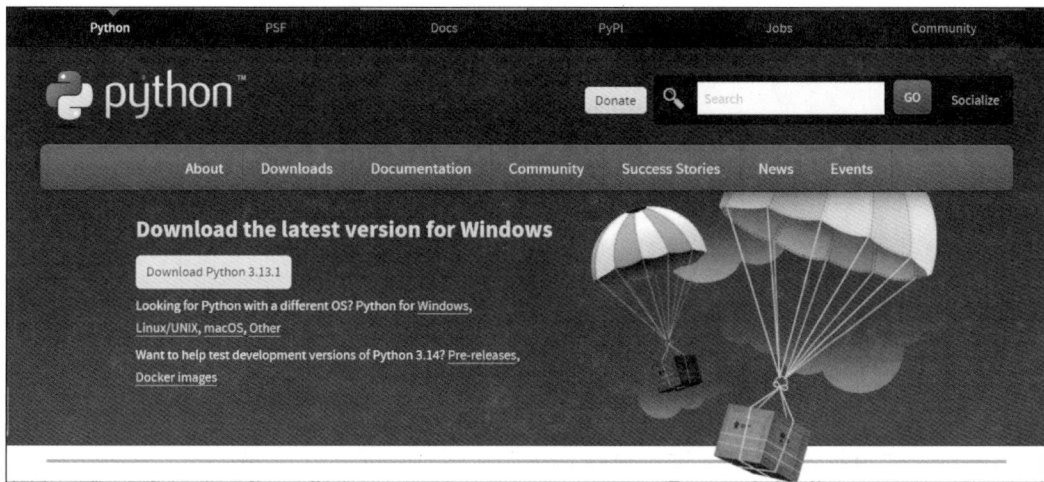

图 1.2　Python 的下载界面

单击图 1.2 中 Download Python 3.13.1 下载较新的 Python 稳定版本，其他操作系统或版本选择 Looking for Python with a different OS? Python for Windows，Linux/UNIX，macOS，Other 中的相应链接。双击下载的程序安装 Python 解释器，将启动一个如图 1.3 所示的引导过程，在该界面中，勾选 Add python.exe to PATH 复选框，这样在任何路径下都可以调用 Python 解释器和 pip 命令。

安装成功后将显示如图 1.4 所示的界面。安装成功后就可以开始 Python 之旅了。

1.2.2　编写 Hello 程序

Python 集成开发环境（Python's Integrated Development Environment，IDLE）具有两种类型的主窗口：Python Shell 窗口和文件编辑窗口，分别用于交互式编程和文件式编程。

1. 交互式编程

交互式编程是指解释器及时响应用户输入的代码并输出运行结果。通过单击"开始"菜单中的 IDLE 直接进入交互环境，也可以在 Windows 操作系统的控制台输入 python 进入

图 1.3　安装界面

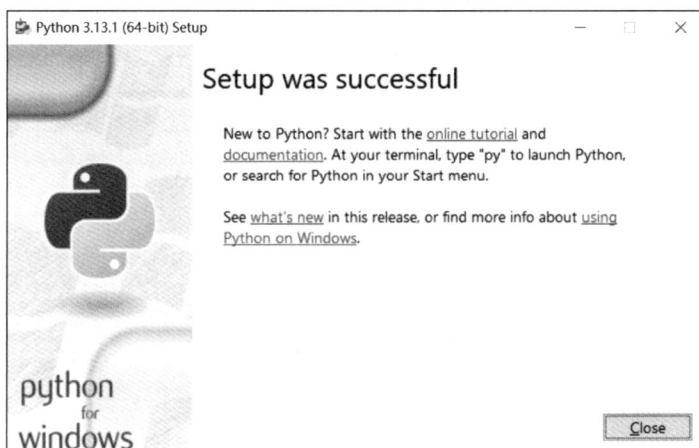

图 1.4　安装成功界面

交互环境。在 Python 提示符"＞＞＞"后，用户每输入一行语句，按 Enter 键，系统就执行该语句，显示结果。

```
>>> print("你好,世界!")
你好,世界!
>>> print("Hello World!")
Hello World!
```

程序说明：此方式常用于 Python 简短代码的测试，该方式无法保存，不方便后续修改。

2. 文件式编程

在 IDLE 的交互环境下，单击 File 菜单，选择 New File 命令，会打开一个新的编辑窗口，在此窗口中可以编写代码。图 1.5 所示的就是文件式编程窗口。

编写好代码后，选择 Run 菜单下的 Run Module 命令或者按下快捷键 F5 运行程序，如果文件没有保存，则会提示先保存程序，保存并运行后可以看到程序的输出结果如图 1.6 所示。

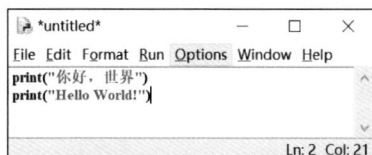

图 1.5　文件式编程窗口

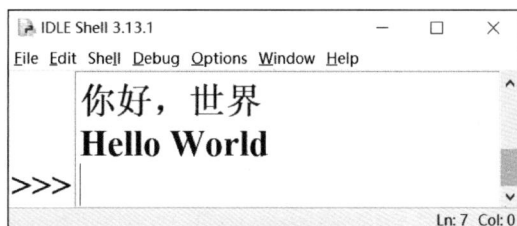

图 1.6　输出结果

程序说明：文件式编程环境下，文件可以很方便地修改、保存并重新运行。此方式适合编程实践和开发。

【例 1.1】　简单的自我介绍。

交互式编程执行过程如下：

```
>>> name = input('输入姓名：')
输入姓名：晓明
>>> city = input('输入城市：')
输入城市：烟台
>>> hobby = input('输入兴趣爱好：')
输入兴趣爱好：篮球
>>> print(f"我的名字是{name}，来自{city}，我的爱好是{hobby}!")
我的名字是晓明，来自烟台，我的爱好是篮球!
```

文件式编程环境程序如下：

```
name = input('输入姓名：')
city = input('输入城市：')
hobby = input('输入兴趣爱好：')
print(f"我的名字是{name}，来自{city}，我的爱好是{hobby}!")
```

文件式编程运行结果如下：

```
输入姓名：晓明
输入城市：烟台
输入兴趣爱好：篮球
我的名字是晓明,来自烟台,我的爱好是篮球!
```

1.2.3　查看帮助文档

Python 中有 3 种常用方式查看帮助文档。

(1) 在 IDLE 环境下，单击 Help 菜单，选择 Python Docs 命令，打开帮助文档，如图 1.7 所示，在上方的搜索栏中输入要查看的主题、关键词、函数名或模块，查看相应的帮助介绍。

(2) 在交互环境下，输入 help() 函数并按 Enter 键，可以进入帮助模式，例如，查找 input() 函数的介绍，可以通过 help(input)，如图 1.8 所示。

(3) 在"开始"菜单下打开 Python 3.13 Module Docs，启动浏览器进入本地虚拟站点，如图 1.9 所示，在此界面中可以索引本地安装的所有模块，包括内置模块、内置库和所有安装的第三方库，单击要查看的关键词就可以查看相应的帮助文档。

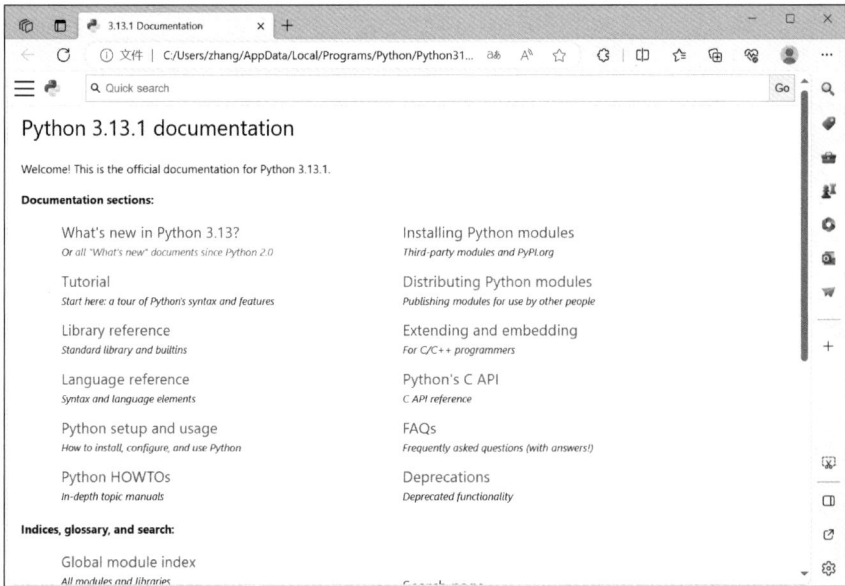

图 1.7　帮助文档

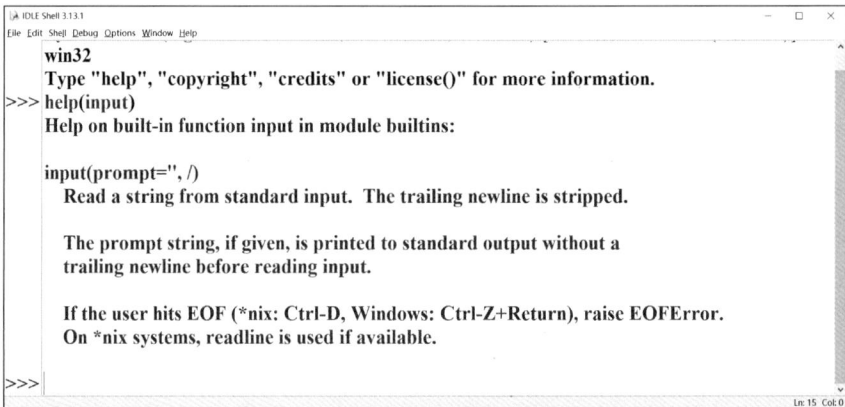

图 1.8　查看帮助

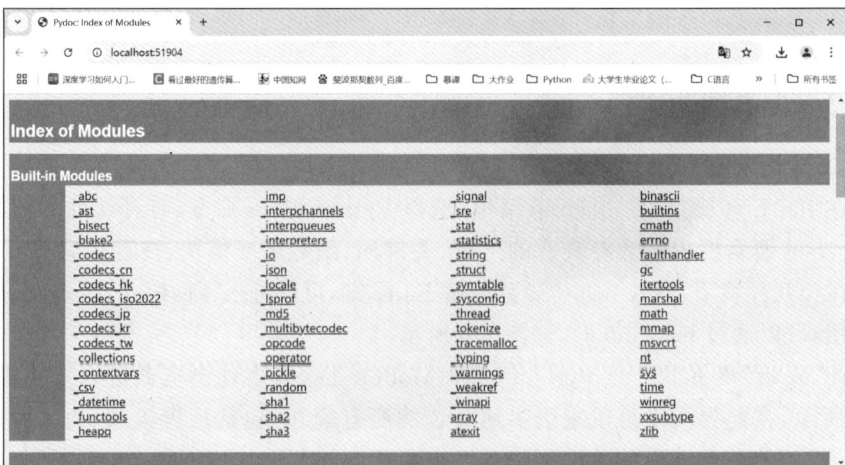

图 1.9　查看本地帮助文档

1.2.4　第三方库的安装

Python有众多的第三方库,当安装Python后,内置的标准库会被自动安装。第三方库则需要通过pip命令安装。在macOS或Linux系统下安装时,在终端运行;在Windows系统下安装时,在命令行窗口运行。

(1)安装指定的库,使用以下命令:

```
pip install 库名
```

(2)卸载指定的库,使用以下命令:

```
pip uninstall 库名
```

(3)更新指定的库,使用以下命令:

```
pip install - upgrade 库名
```

-upgrade可用-U代替。

(4)列出本机已安装的库,使用以下命令:

```
pip list
```

注意,通过pip命令安装第三方库时,会自动联网安装,因此,需要保证计算机网络连接正常。例如,要安装中文分词库jieba,则使用命令pip install jieba,会显示如下提示信息。

```
C:\Users\zhang>pip install jieba
Collecting jieba
   Using cached jieba-0.42.1-py3-none-any.whl
Installing collected packages: jieba
```

当出现Successfully时表示安装成功。

1.3　Python程序实例解析

【例1.2】　输入三个数a、b、c,判断能否以它们为三个边长构成三角形。若能,则输出YES和三角形面积(结果保留2位小数),否则输出NO。

程序代码如下:

```
1    # 例1.2
2    import math
3    a = float(input())
4    b = float(input())
5    c = float(input())
6    if a+b>c and a+c>b and b+c>a:
7        print("YES")
8        p = (a+b+c)/2
9        s = math.sqrt(p*(p-a)*(p-b)*(p-c))
```

```
10      print("三角形的面积是:{:.2f}".format(s))
11 else:
12      print("NO")
```

Python 程序包括缩进、注释、变量、表达式、分支语句、循环语句、函数等语法元素。本节以例 1.2 代码为例,介绍 Python 程序中各组成部分及语法元素的基本含义。

1.3.1 缩进

Python 语言采用严格的缩进来表明程序的格式框架。缩进指每行代码开始前的空白区域,用来表示代码之间的包含和层次关系。不需要缩进的代码顶行编写,不留空白。代码编写中,缩进可以用 Tab 键实现,也可以用多个空格(一般是 4 个空格)实现,但两者不混用。建议采用 4 个空格方式书写代码。

严格的缩进可以约束程序结构,有利于维护代码结构的可读性。例如,在例 1.2 的第 7～10 行和第 12 行存在缩进,表明这些代码行在逻辑上属于之前紧邻的无缩进代码行的范畴。可以看到,第 7～10 行属于 if 语句范畴,当表达式 a+b>c and a+c>b and b+c>a 为 True 时,会运行这 4 行代码计算三角形面积。

缩进表达了所属关系。一般来说,判断、循环、函数、类等语法形式能够通过缩进包含一批代码,进而表达对应的语义。但是,如 print()这样的简单语句不表达包含关系,不能使用缩进。

1.3.2 注释

注释是为一些比较复杂或很难理解的语句添加解释性信息,Python 解释器并不解释这些注释。例如,实例 1.2 代码的第一行就是一个注释。

Python 语言有两种注释方法:单行注释和多行注释。单行注释以 # 开头,多行注释以三个单引号'''或三个双引号"""作为开头和结尾。例如:

```
'''
本程序计算三角形面积
1. 输入三个边长
2. 判断是否构成三角形
3. 如果能,则输出 YES 及三角形面积; 否则输出 NO
'''
# 导入 math 库
import math
a = float(input())          # 输入一个边长,转换为浮点类型
```

上述程序中首先加入多行注释,说明本程序的功能和步骤。单行注释可以添加到单独行或与代码同行,如果同行,则要放在代码的后面。

为程序代码添加注释,不但能增加代码的易读性,而且也有助于代码的调试和维护。建议编写程序时加入适当的注释。

1.3.3 标识符与变量

1. 标识符

标识符是指用来标识某个实体的符号。它在不同的应用环境下有不同的含义。在日常

生活中,标识符用来指定某个东西、人,要用到它、他或她的名字;在数学中解方程时,我们也常常用到这样或那样的变量名或函数名;在编程语言中,标识符是用户编程时使用的名字,对于变量、常量、函数、语句块而言也可以有名字,把这些统称为标识符。标识符由字母、下画线、数字和汉字组成,但不能以数字开头,中间不能出现空格。

下面是正确的标识符:

```
name python123 _python python_123
```

下面是不正确的标识符:

```
name-1 123python for
```

Python 中的标识符是区分大小写的,如 name 与 Name 就是不同的标识符。

for 完全符合标识符的定义,但为什么会错呢?

Python 中一些具有特殊功能的标识符,是所谓的关键字。关键字是 Python 语言已经使用了的,所以不允许开发者自己定义和关键字相同名字的标识符。for 是关键字,所以不能当标识符。

交互式编程下输入如下命令,就可显示 Python 关键字。

```
>>> import keyword
>>> keyword.kwlist
['False', 'None', 'True', '__peg_parser__', 'and', 'as', 'assert', 'async', 'await', 'break', 'class',
'continue', 'def', 'del', 'elif', 'else', 'except', 'finally', 'for', 'from', 'global', 'if', 'import',
'in', 'is', 'lambda', 'nonlocal', 'not', 'or', 'pass', 'raise', 'return', 'try', 'while', 'with',
'yield']
```

2. 常量和变量

常量就是不变的量,例如常用的数学常数 3.141 59 就是一个常量。

程序中采用变量保存和表示数据。变量名就是程序为了方便地引用内存中的值而为它取的名称。变量命名须符合标识符的命名规则,建议使用表示含义的单词或单词组合作为变量名称,例如,使用 name 存储姓名信息,这样可以提高程序的可读性和可维护性,同时也是良好编程习惯的体现。

1.3.4 赋值语句

Python 语言中,“=”表示“赋值”,将等号右侧的计算结果赋给左侧的变量,包含“=”的语句称为赋值语句。例如,例 1.2 代码中第 3、4、5、8、9 行都是赋值语句。其中,第 8 行 p=(a+b+c)/2,先计算右侧三边边长的一半再将结果赋给变量 p。

还有一种同步赋值语句,可以同时给多个变量赋值,基本格式如下。

```
<变量1>, … , <变量N> = <表达式1>, … , <表达式N>
```

例如,使用以下形式同时给 a 和 b 赋值。

```
>>> a,b = 6,7
>>> a
```

```
6
>>> b
7
```

Python 语言在处理同步赋值时首先计算右侧的 N 个表达式,同时将表达式的结果赋值给左侧 N 个变量。例如,互换变量 x 和 y 的值,如果采用单一语句,需要借助一个额外变量 t,代码如下。

```
>>> t = a
>>> a = b
>>> b = t
```

如果用同步赋值,只需要一行语句即可。

```
>>> a, b = b, a
```

1.3.5　输入输出函数

实际编程中,一般将特定功能代码编写在一个函数里,便于阅读和复用,也使得程序模块化更好。函数可以理解为一组表达特定功能代码的封装,它与数学函数类似,能够接收参数并输出结果。Python 解释器自带的函数叫作内置函数,这些函数不需要 import 导入就可以直接使用。例 1.2 代码中的 input()、print()、float()都是内置函数。其中,input()是输入函数,print()是输出函数。

例 1.2 代码的第 3~5 行使用了 input()函数从控制台获得用户输入,第 7、10、12 行利用 print()函数向控制台输出信息。

1. 输入函数

输入函数 input()的功能是从控制台接收用户输入的数据,无论用户在控制台输入什么内容,input()函数都以字符串类型返回结果。使用方法如下。

```
<变量> = input(<提示性文字>)
```

例如,接收三角形边长的程序如下。

```
>>> a = input('请输入三角形边长：')
请输入三角形边长：>? 3
>>> a
'3'
```

程序运行时首先输出提示信息"请输入三角形边长：",用户输入 3,可以看到变量 a 接收到了用户的输入'3'。如果要将其作为数字处理,则需要进行转换,如例 1.2 中的 float(input())将输入转换为浮点数。

```
>>> a = float(input())    #输入函数 input()没有给提示信息
3
>>> a
3.0
```

2. 输出函数

输出函数 print() 的功能是向控制台输出信息。使用方法如下。

```
print(<输出信息>)
```

当输出纯字符信息时,可以直接将待输出内容传递给 print() 函数,如例 1.2 的第 7、12 行。

```
>>> print('YES')
YES
```

屏幕上输出 YES 后自动换行。

若要输出多个数据,则可以空格、逗号等分隔输出,形式如下。

```
print(value, …, sep = ' ', end = '\n')
```

sep 表示分隔符,end 表示结尾符,分别默认是空格及换行(\n)。例如:

```
>>> name, age = '晓明',17
>>> print(name,age)
晓明 17
>>> print(name,age,sep = ',')
晓明,17
```

默认输出时,变量 name 和 age 间以空格分隔,如果设置了 sep 参数为逗号,则输出以逗号分隔。

注意:字符串类型的一对引号仅在程序内部使用,输出时并无引号。

Python 3.6 以后提供了一个新方法,用 f 或 F 作前缀格式化字符串输出。使用时,在字符串开始的引号或三引号前加上一个 f 或 F,在字符串中,放置在大括号"{ }"中的变量或表达式在程序运行时会被变量和表达式的值代替。

```
>>> a,b = 5,6
>>> print(f'{a} + {b} = {a + b}')
5 + 6 = 11
```

可以在字符串中加入说明性字符串,这些字符串将被原样输出,大括号中的变量值可以为任意对象。

```
>>> name,age = '晓明',17
>>> print(f'大家好,我叫{name},今年{age}岁了。')
大家好,我叫晓明,今年 17 岁了
```

print() 函数还可以通过 format() 方法将输出变量整理成期望输出的格式,如例 1.2 代码中的第 10 行,输出的模板字符串"三角形的面积是:{0:.2f}",其中"三角形的面积是:"原样输出,大括号表示一个槽位置,里面的内容由 format() 方法中的参数 s 填充,{:.2f} 表示变量 s 的输出格式为取 2 位小数。关于 format() 方法的具体使用会在 2.5.3 节中讲解。

本章小结

本章首先介绍了 Python 语言特点及应用领域,然后从解释器的安装、第三方库的安装熟悉了 Python 语言的开发环境,最后通过程序实例介绍 Python 中的程序结构。本章主要内容如下。

（1）程序设计语言可以分成机器语言、汇编语言、高级语言三大类,分为编译和解释两种执行方式。

（2）Python 程序设计语言是典型的解释型语言,目前被广泛应用在各个领域,是人工智能和大数据领域的事实上的标准语言。

（3）IDLE 可以用于编写代码,建议在文件模式下编写代码,使代码可以被保存和维护。

（4）缩进用来表示代码之间的包含和层次关系,严格的缩进可以约束程序结构,有利于维护代码结构的可读性。

（5）注释是为一些比较复杂或很难理解的语句添加解释性信息,包括单行和多行注释两种。

（6）"="表示"赋值",将等号右侧的计算结果赋给左侧的变量。

（7）input()函数用于从标准输入设备（键盘）接收用户输入的一个字符串。

（8）print()函数用于输出数据,多个数据间默认用空格分隔,可通过修改 sep 参数值指定分隔符。每个 print()函数默认用换行符结束,可修改 end 参数的值指定语句的结束符。也可用 format()等方法将待输出数据格式化成期望的格式。

习题

一、思考题

1. 程序设计语言分为哪几类?

2. 请阐述编译和解释两种执行方式的区别和各自的优缺点。

3. 请列出不少于 3 个 Python 语言的特点。

4. 请列出不少于 3 个 Python 语言的应用领域。

5. 下列合法的变量名有哪些?

abc * 234,stu_score,my-name,语言,2you,if,_python

6. 两个连续的 print()函数输出内容一般会分行显示,即调用 print()函数后会换行结束当前行,如何让两个 print()函数的输出打印在一行内?

二、编程题

1. 编写程序,输出"Python 语言简单易学"。

2. 编写程序,输入自己的姓名,然后输出"你好,自己的姓名"。

3. 从键盘输入两个数,求它们的和并输出。

4. 从键盘输入三个数到 a、b、c 中,求 $b*b-4*a*c$ 的值并输出。

5. 用一条语句输出 P、Y、T、II、O、N 这 6 个字符,要求如下。

（1）字符之间用逗号分隔,最后一个字符后不能有逗号。

（2）分行显示 6 个字符。

（3）字符之间用 * 分隔,最后一个字符后不能有 *。

第2章

基本数据类型

【本章导读】

存储在内存中的数据可以是多种不同的数据类型。例如，一个员工的工资是以浮点数的方式存储的，而他的名字则是以字符串的方式存储的。为了方便程序设计，Python 提供了多种不同的数据类型。按照复杂程度，数据又分为基本数据类型和组合数据类型。在本章中将详细地介绍基本数据类型：数值类型（numeric）、字符串类型（str）和布尔类型（bool），以及数值运算的方法。

【本章主要内容】

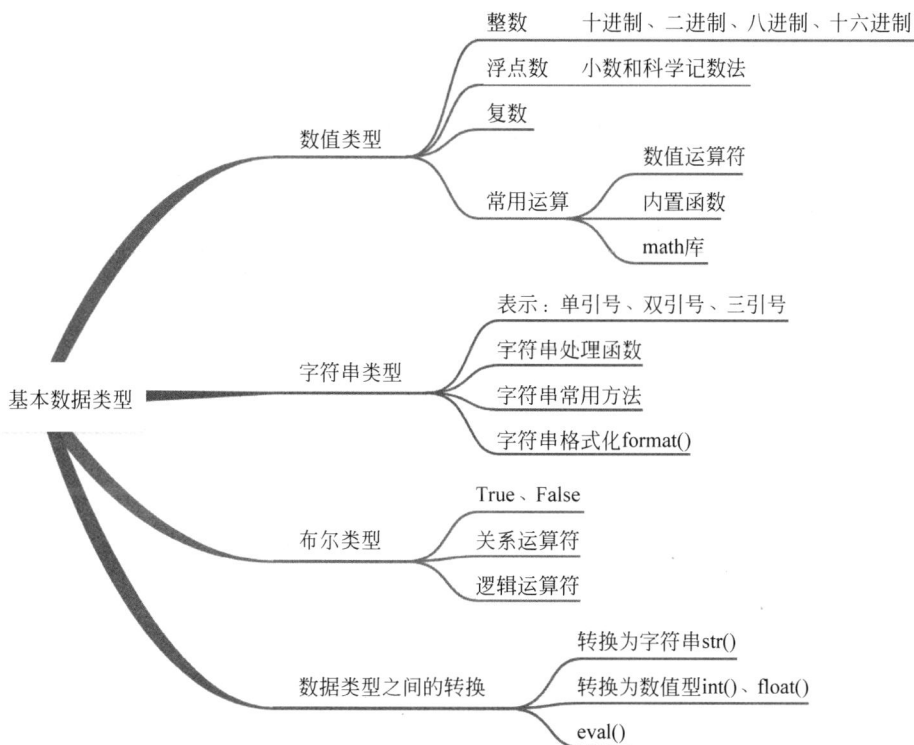

```
                                        ┌ 整数 ── 十进制、二进制、八进制、十六进制
                         ┌ 数值类型 ───┤ 浮点数 ── 小数和科学记数法
                         │             ├ 复数
                         │             │          ┌ 数值运算符
                         │             └ 常用运算 ─┤ 内置函数
                         │                        └ math库
                         │
                         │             ┌ 表示：单引号、双引号、三引号
基本数据类型 ────────────┤ 字符串类型 ─┤ 字符串处理函数
                         │             ├ 字符串常用方法
                         │             └ 字符串格式化format()
                         │
                         │             ┌ True、False
                         ├ 布尔类型 ───┤ 关系运算符
                         │             └ 逻辑运算符
                         │
                         │                     ┌ 转换为字符串str()
                         └ 数据类型之间的转换 ──┤ 转换为数值型int()、float()
                                               └ eval()
```

2.1 数值型数据

在 Python 中有 3 种主要的内置数值类型：整数(int)、浮点数(也就是带小数点的实数，float)和复数(complex)。

创建数值型变量的方法非常简单，当将一个数值赋予一个变量时，这个数值型变量就创建好了。例如，可以使用例 2.1 的 3 个赋值语句创建 3 个不同类型的数值型变量，其中 x 是整数，y 是浮点数，而 z 是复数。随后，通过 print()函数分别列出这 3 个不同数据类型的变量中的值，以及每个变量的数据类型。

【例 2.1】 创建数值型变量的方法。

```
x = 1
y = 1.0
z = 3j
print(x,type(x))
print(y,type(y))
print(z,type(z))
```

代码运行结果：

```
1 < class 'int'>
1.0 < class 'float'>
3j < class 'complex'>
```

2.1.1 整数

整数类型与数学中整数的概念一致，是一个没有小数点的数字，例如，101,99,−516,0x9a,−0x89,0b101。

整数类型共有 4 种进制表示：十进制、二进制、八进制和十六进制。默认情况下，整数采用十进制，其他进制需要增加引导符号，如表 2.1 所示。二进制数以 0b 或 0B 引导，八进制数以 0o 或 0O 引导，十六进制数以 0x 或 0X 引导，大小写字母均可使用。

表 2.1 整数类型的 4 种进制表示

进 制 种 类	引 导 符 号	描　　述
十进制	无	默认情况，例如，1010，−425
二进制	0b 或 0B	由字符 0 和 1 组成，例如，0b101,0B101
八进制	0o 或 0O	由字符 0～7 组成，例如，0o711,0O711
十六进制	0x 或 0X	由字符 0～9、a～f、A～F 组成，例如，0xABC

Python 3 中整数几乎是没有限制大小的，可以存储计算机内存能够容纳的无限大整数。

pow(x,y)函数是 Python 语言的一个内置函数，用于计算 x 的 y 次幂。这里，用 pow()函数测试一下整数类型的取值范围，例如：

```
print(pow(2,100))
```

输出：

```
12676506002282229401496703205376
```

```
print(pow(2,500))
```

输出：

```
327339060789614187001318969682759915221664204604306478948329136809613379640467455488327
00923259041571508866841275600710092172565458853930533285275589376
```

以上两行代码所得到的结果是完全准确的，没有任何数字被省略或近似。pow()函数还可以嵌套使用，例如，pow(2,pow(2,15))，其结果是一个 9865 位的整数。增加程序中第二个 pow()函数的幂会获得更大的输出结果，例如，将数值 15 改为 16，这会消耗更长的计算时间并占用更多的计算机内存。

2.1.2 浮点数

浮点数与数学中实数的概念一致，表示带有小数的数值。Python 语言要求所有浮点数必须带有小数部分，小数部分可以是 0，这种设计可以区分浮点数和整数类型。浮点数既可以用小数表示，也可以用科学记数法表示。下面是浮点数的例子：

```
0.0  - 23.  - 2.17  3.14159  97e5  1.2e- 3  9.6E7
```

科学记数法的形式为：

```
<a>E<b>  或  <a>e<b>
```

其中，a 为整数或浮点数，b 为整数，字母 E 或 e 表示以 10 为底的幂，即 $a \times 10^b$。例如，1.2e3、1.2E3 与 1200.0 均表示实数 1200.0。

尽管浮点数 0.0 与整数 0 值相同，但浮点数和整数在计算机内部存储的方式是不同的，整数运算永远是精确的，而浮点数取值范围和小数精度受不同计算机系统的限制，sys.float_info 详细列出了 Python 解释器所运行系统的浮点数各项参数，例如：

```
import sys
print(sys.float_info)
```

输出：

```
sys.float_info(max = 1.7976931348623157e + 308, max_exp = 1024, max_10_exp = 308, min =
2.2250738585072014e- 308, min_exp = - 1021, min_10_exp = - 307, dig = 15, mant_dig = 53,
epsilon = 2.220446049250313e- 16, radix = 2, rounds = 1)
```

由此可见，浮点数所能表示的最大值（max）为 $1.797\,693\,134\,862\,315\,7 \times 10^{308}$，最小值（min）为 $2.225\,073\,858\,507\,201\,4 \times 10^{-308}$。

浮点数直接表示或科学记数法表示中的系数（<a>）最长可输出 16 个数字，浮点数运算结果中最长可输出 17 个数字，然而，根据 sys.float_info 结果，计算机只能够提供 15 个数字（dig）的准确性，最后一位由计算机根据二进制计算结果确定，存在误差。例如，在计算

0.1+0.3 时,结果为 0.4,而在计算 0.1+0.2 时,结果为 0.300 000 000 004。可见运算结果存在不确定尾数。

```
>>> 0.1 + 0.3
0.4
>>> 0.1 + 0.2
0.30000000000000004
```

由于不确定尾数一般发生在 10^{-16} 左右,用 round(x,n)函数对浮点数 x 中小数部分超出 n 位的部分进行截取,只保留 n 位小数。第 n+1 位数字的取舍规则为,小于 5 时舍去,大于 5 时进位,数字为 5 时,取舍的原则是使前一位的值为偶数。

2.1.3 复数

复数是实数的延伸,它使任何一个多项式方程都有根。复数中有一个虚数单位 i,它的定义是-1 的平方根,即 $i^2 = -1$。任何一个复数都可以表达为 x+yi,其中 x 和 y 均为实数,而它们分别被称为"实部"和"虚部"。

最初虚数是想象出来的数,就是 imaginary(想象的)的第一个字母。在 Python 中,复数的虚部不是使用 i 而是使用 j 或 J 来表示。例如,创建一个变量 c,并将复数 3+4j 赋予该变量,之后使用 print 语句输出 c 的值和数据类型。

```
>>> c = 3 + 4j
>>> print(c,type(c))
(3 + 4j) < class 'complex'>
```

可以用 real 和 imag 分别获取复数的实部和虚部,用 abs(a+bj)获得复数的模。

```
>>> c = 3 + 4j
>>> c.real
3.0
>>> c.imag
4.0
>>> abs(c)
5.0
```

2.2 数值类型的转换

有时在程序中可能需要在不同的内置数据类型之间进行转换。要将一种数据类型转换为另一种数据类型,方法很简单,只要使用类型转换函数就可以完成。在 Python 中内置的数值类型转换函数包括 int(x)、float(x)、complex(x)。

1. int(x)

int(x)将 x 转换为整数,x 可以是浮点数或字符串。

```
>>> x = int(3.8)
>>> print(x,type(x))
3  < class  'int'>
```

这里需要指出的是,int(x)函数在进行数据类型转换时是舍弃了小数点后的数据,并没有进行四舍五入的操作。

```
>>> x = int('256')        #将字符串转换为整数类型输出
>>> print(x,type(x))
256  <class 'int'>
```

注意,字符串必须是数字字符串,否则会报 ValueError 错误。例如,错把字母 o 当作数字 0,此时解释器会报 ValueError 错误,并给出该错误的基本描述。

```
>>> int('12o')
ValueError: invalid literal for int() with base 10: '12o'
```

2. float(x)

float(x)将 x 转换为一个浮点数,x 可以是整数或字符串。

```
>>> x = float(38)
>>> print(x,type(x))
38.0 < class 'float'>
```

上述代码将整数转换为浮点数,增加小数位,小数部分为 0,38 转换为 38.0,最后使用 print 语句输出 x 的值和数据类型。

当 x 是字符串类型时,必须是数字字符串,否则会报 ValueError 错误。

3. complex(re[,im])

complex(re[,im])将整数或浮点数转换为一个复数,实数部分为 re,虚数部分为 im。re 可以是整数、浮点数或字符串,im 可以是整数或浮点数,但不能为字符串。

```
>>> complex(3)
(3 + 0j)
>>> complex(3,4)
(3 + 4j)
```

【例 2.2】 编程计算天天向上的力量。

一年 365 天,以第 1 天的能力值为基数,记为 1.0。在此假定:当好好学习时,能力值相比前一天提高 k‰;当没有学习时,能力值相比前一天下降 k‰。

每天坚持努力学习或每天都放任不学,一年下来前者的能力值是后者的多少倍呢?

输入一个正实数,表示 k。输出每天努力和每天放任一年后的能力值以及前者与后者的能力比值。

【分析】 能力值的增加和减少可以按复利公式计算。幂运算可以利用 Python 运算符" xx "实现。

程序代码:

```
#获得用户输入的数据,并且转换为浮点型数据
k = float(input())
#根据复利计算公式,得到经过 365 天坚持努力学习的能力值
up = (1 + k/1000) ** 365
#根据复利计算公式,得到经过 365 天放任不学的能力值
dn = (1 - k/1000) ** 365
```

```
print(round(up,2))
print(round(dn,2))
print(int(up/dn))
```

代码运行结果：

输入：

```
1
```

输出：

```
1.44
0.69
2
```

程序说明：

（1）Python中任何输入都会被当作字符串进行处理，字符串无法参与数学运算，所以在程序中需要将输入的字符串转换为数值类型。float(input())将输入转换为浮点数。

（2）当用户输入不确定是整数还是浮点数时，如果想保证计算结果与输入的数据类型一致，可以使用eval()函数，该函数在将输入转换为可计算对象时，会保持数据类型与输入一致。

```
>>> print(eval('3'),type(eval('3')))
3 <class 'int'>
>>> print(eval('3.2'),type(eval('3.2')))
3.2 <class 'float'>
```

k＝float(input())也可以改为k＝eval(input())。

（3）运算符"＊＊"是幂运算符，2＊＊3表示2^3，结果为8。

（4）round(up,2)：将up四舍五入，保留2位小数。

2.3　数值运算

运算符（operator）是一种特殊的符号，表示应该执行某种计算。运算符作用的对象称为操作数（operand），例如a＋b，"＋"叫作运算符，变量a和b叫作操作数。

表达式是运算符将操作数连接起来构成的式子。在程序设计中，表达式的写法与数学中的表达式稍有不同，需要按照程序设计语言规定的表示方法构造表达式。

Python 3支持数值运算、比较（关系）运算、成员运算、布尔（逻辑）运算、身份运算、位运算和真值测试等运算形式。本节先介绍常用的算术运算中的算术运算符。

1.　算术运算符

算术运算符（numeric operator）就是用来处理算术运算的运算符，它是最简单，也最常用的符号，尤其是对数字的处理，几乎都会使用到算术运算符。Python中的常用算术运算符如表2.2所示。

表 2.2　Python 中的常用算术运算符

运 算 符	含 义	举 例
—	负号,单目运算	若 a=3,则−a 结果为−3
+	加运算	10+3 的结果为 13
—	减运算	10−3 的结果为 7
*	乘运算	10*3 的结果为 30
/	除运算	6/3 的结果为 2.0
//	整除运算。返回商的整数部分	10//3 的结果为 3
%	求模运算(求余)	10 % 3 的结果为 1
**	幂运算。x ** y 返回 x 的 y 次幂	2 ** 3 的结果为 8

说明：在使用算术运算符中的"/""//"和"%"时,除数不能为 0,否则将会出现运行异常。

2. 赋值运算符

赋值运算符主要用来为变量赋值。"="是常规的简单赋值运算符,也可与其他运算符(如算术运算符)结合,成为功能更强大的赋值运算符,如表 2.3 所示。

表 2.3　赋值运算符

运 算 符	含 义	举 例
=	常规赋值运算符	x=10 将 10 赋值给 x
+=	加法赋值运算符	x+=3 等价于 x=x+3,结果为 13
−=	减法赋值运算符	x−=3 等价于 x=x−3,结果为 7
*=	乘法赋值运算符	x*=3 等价于 x=x*3,结果为 30
/=	除法赋值运算符	x/=3 等价于 x=x/3,结果为 3.333 333 333 333 5
//=	整除赋值运算符	x//=3 等价于 x=x//3,结果为 3
%=	求余赋值运算符	x%=3 等价于 x=x%3,结果为 1

【例 2.3】　编写程序,从键盘输入一个 3 位整数,计算该数中各位数字的立方和并输出。

【分析】　本例涉及算术运算符"//""%"和" * "的使用。首先从键盘输入一个数字字符串,利用 int()函数将其转换为整数类型,然后借助"//"和"%"运算符,分别获取 3 位数的个位数、十位数和百位数,最后求各位的立方和。

程序代码如下：

```
x = int(input('请输入一个 3 位数: '))
m = x % 10                    #个位数字
n = x % 100 // 10             #十位数字
k = x // 100                  #百位数字
s = m ** 3 + n ** 3 + k ** 3
print('个、十、百位数字的立方和为: ',s)
```

代码运行结果：

```
请输入一个 3 位数: 123
个、十、百位数字的立方和为: 36
```

程序说明：

（1）"//"为整除运算符，"％"为求余运算符，"**"为幂运算符。

（2）x％10 返回 3 位整数的个位数；x％100 返回 3 位数的后两位，即十位和个位上的数，x％100//100 即可返回十位上的数字；x//100 返回百位上的数。

（3）** 幂运算也可以用 Python 中的内置函数 pow()代替。pow(x，y)表示 x 的 y 次幂。

2.4　数值运算常用函数

Python 内置了一系列与数学运算相关的函数可以直接使用，表 2.4 列出了几个常用函数的功能描述与示例。

表 2.4　数值运算常用函数的功能描述与示例

函　　数	含　　义	举　　例
abs(x)	返回 x 的绝对值，x 可以是整数或浮点数，当 x 为复数时返回复数的模	abs(−3)，结果为 3 abs(3+4j)，结果为 5.0
divmod(a,b)	相当于(a//b，a％b)，以元组形式返回整数商和余数	divmod(10,3)，结果为(3,1)
pow(x,y[,z])	幂余，相当于(x ** y)％z，参数 z 可省略	pow(2,50,6)，结果为 4
round(number[,n])	四舍五入，n 是保留小数位数，默认值为 0	round(3.1415，2)，结果 3.14
max(x_1，x_2，…，x_n)	最大值，返回 x_1，x_2，…，x_n 中的最大值	max(3,2,6,1,9)，结果为 9
min(x_1，x_2，…，x_n)	最小值，返回 x_1，x_2，…，x_n 中的最小值	min(3,2,6,1,9)，结果为 1

【例 2.4】　用户输入用逗号分隔的若干数字，输出其中数值最大的一个。

【分析】　使用 eval()函数将输入字符串转换为可计算对象，再利用 max()函数计算其最大值。

程序代码如下：

```
s = input()                    #输入逗号分隔的若干数字,例如 3,1,7,8
#eval(s)将字符串'3,1,7,8'转换为数值型：3,1,7,8
#max()函数返回 3,1,7,8 中的最大值
maxn = max(eval(s))
print(maxn)
```

代码运行结果：

```
3,1,7,8
8
```

在数学运算中，除了加、减、乘、除运算之外，还有其他更多的运算，如乘方、开方、对数运算等，要实现这些运算，可以使用 Python 中的 math 库。

math 库是 Python 提供的内置数学类函数库，因为复数类型常用于科学计算，一般计算并不常用，因此 math 库不支持复数类型，仅支持整数和浮点数运算。math 库一共提供了 4 个数学常数和 44 个函数。44 个函数共分为 4 类，包括 16 个数值表示函数、8 个幂对数函数、16 个三角对数函数和 4 个高等特殊函数。

math 库中的函数不能直接使用,需要首先使用关键字 import 引用该库,引用方式如下。

(1) import math。

对 math 库中的函数采用 math.<函数名>(<函数参数>)形式使用。例如:

```
>>> import math
>>> math.sqrt(4)
2.0
```

(2) from math import <函数名>。

对 math 库中函数可以直接采用<函数名>(<函数参数>)形式使用。例如:

```
>>> from math import sqrt,pow
>>> sqrt(4)
2.0
>>> pow(2,4)
16.0
```

也可以采用下面的方式导入 math 库中的所有函数。

```
from math import *
```

此时 math 库中所有函数可以采用<函数名>(<函数参数>)形式直接使用。

math 库的 4 个数学常数如表 2.5 所示,math 库的数学函数如表 2.6 所示。

表 2.5　math 库的 4 个数学常数

常　　数	数 学 表 示	说　　明
math. pi	π	圆周率,值为 3. 141 592 653 589 793
math. e	e	自然常数,值为 2. 718 281 828 459 045
math. inf	∞	正无穷大,负无穷大为 $-$ math. inf
math. nan		非浮点数标记,NaN(Not a Number)

表 2.6　math 库的数学函数

函　　数	数 学 表 示	说　　明
math. pow(x,y)	x^y	返回 x 的 y 次幂。例如:math. pow(2,3)返回 8
math. exp(x)	e^x	返回 e 的 x 次幂。例如:math. exp(2),返回 7. 389 056 098 930 65
math. fabs(x)	$|x|$	返回 x 的绝对值。例如:math. fabs($-$3),返回 3.0
math. factorial(x)	$x!$	返回 x 的阶乘。例如:math. factorial(10),返回 3 628 800
math. floor(x)		返回不大于 x 的最大整数。例如:math. floor(3.2),返回 3
math. ceil(x)		返回不小于 x 的最小整数。例如:math. ceil(3.2),返回 4
math. sqrt(x)	$\sqrt{x}$	返回 x 的算术平方根。例如:math. sqrt(256),返回 16.0
math. log(x,y)	$\log_y(x)$	返回以 y 为底数 x 的对数值,参数 y 可选,当省略底数 y 时,默认为 e,表示 ln(x)函数。例如:math. log(2,4),返回 0.5
math. log2(x)	$\log_2 x$	返回 x 的以 2 为底数的对数值。例如:math. log2(8),返回 3.0
math. log10(x)	$\log_{10} x$	返回 x 的以 10 为底数的对数值。例如:math. log10(9),返回 0. 954 242 509 439 324 9
math. cos(x)	$\cos x$	返回 x 弧度的余弦值。例如:math. cos(math. pi/3),返回 0. 500 000 000 000 000 1

续表

函　　数	数学表示	说　　明
math. sin(x)	sinx	返回 x 弧度的正弦值。例如：math. sin(math. pi/3)，返回 0. 866 025 403 784 438 6
math. tan(x)	tanx	返回 x 弧度的正切值。例如：math. tan(math. pi/3)，返回 1. 732 050 807 568 876 7
math. gcd(a,b)		返回 a 和 b 的最大公约数。例如：math. gcd(24,36)，返回 12
math. lcm(a,b)		返回 a 和 b 的最小公倍数。例如：math. lcm(24,36)，返回 72
math. degrees(s)	$180/\pi \times x$	将弧度转换为角度。例如：math. degrees(math. pi/2)，返回 90.0
math. radians(x)	$\pi/180 \times x$	将角度转换为弧度。例如：math. radians(90)，返回 1. 570 796 326 794 896 6

【例 2.5】 验证欧拉公式。

欧拉公式是数学中最奇妙的公式之一：对于任意实数 x，有 $e^{ix}=\cos x+i\sin x$ 成立，其中，e 为自然常数，i 为虚数单位。

此公式的奇妙之处在于：它将自然常数 e、虚数单位 i、指数函数和三角函数建立了等式关系。当 x 取值 π 时，有 $e^{i\pi}+1=0$，将数学中 5 个最重要的常数（自然常数 e、虚数单位 i、圆周率 π、整数 1 和整数 0）通过一个公式联系起来了。

欧拉公式在数学和物理学中均有重要应用。现利用 Python 对复数运算的支持，编写程序验证欧拉公式的正确性。

【分析】 利用 math 库中的自然常数 e、正弦函数 sin()、余弦函数 cos()以及 Python 对复数运算的支持即可完成本任务。

程序代码如下：

```
import math
x = float(input())
print(math.e ** (1j * x))
print(math.cos(x) + 1j * math.sin(x))
```

输入举例 1：

```
2
```

输出举例 1：

```
(-0.4161468365471424 + 0.9092974268256817j)
(-0.4161468365471424 + 0.9092974268256817j)
```

输入举例 2：

```
12.7
```

输出举例 2：

```
(0.9910848718142532 + 0.13323204141994222j)
(0.9910848718142532 + 0.13323204141994222j)
```

程序说明：本例中用到了 math 库中的常数 e、正弦函数 sin()、余弦函数 cos()。代码最后两行的输出结果相同，从而验证欧拉公式的正确性。

2.5 字符串类型及其操作

2.5.1 字符串类型的表示

字符串是字符的序列表示，可以由一对单引号(')、双引号(")或三引号(''')构成。其中，单引号和双引号都可以表示单行字符串，两者作用相同。使用单引号时，双引号可以作为字符串的一部分；使用双引号时，单引号可以作为字符串的一部分。三引号可以表示单行或者多行字符串。3 种表示方式示例如下。

单引号字符串：'单引号表示,可以使用"双引号"作为字符串的一部分'

双引号字符串："双引号表示,可以使用'单引号'作为字符串的一部分"

三引号字符串：'''三引号中可以使用"双引号"

'单引号'

也可以换行'''

打印字符串的 Python 程序运行结果如下：

```
>>> print('单引号表示,可以使用"双引号"作为字符串的一部分')
单引号表示,可以使用"双引号"作为字符串的一部分
>>> print("双引号表示,可以使用'单引号'作为字符串的一部分")
双引号表示,可以使用'单引号'作为字符串的一部分
>>> print('''三引号中可以使用"双引号"
'单引号'
也可以换行''')
三引号中可以使用"双引号"
'单引号'
也可以换行
```

Python 允许对某些字符进行转义操作，以此来实现一些难以单纯用字符描述的效果。在字符的前面添加反斜杠符号"\"，会使该字符的意义发生改变。最常见的转义符是"\n"，它代表换行符，便于在一行内创建多行字符串。

```
>>> print('Hello\nPython\n人生苦短\n我用Python')
Hello
Python
人生苦短
我用Python
```

转义符"\t"(Tab 制表符,等于 8 个空格)常用于对齐文本。有时还可能用到"\'"和"\""来表示单、双引号,尤其当该字符串由相同类型的引号包裹时,如表 2.7 所示。

表 2.7 常用的转义字符

转 义 字 符	描 述	转 义 字 符	描 述
\	反斜杠符号	\"	双引号
\'	单引号	\a	响铃

续表

转 义 字 符	描 述	转 义 字 符	描 述
\b	退格(Backspace)	\t	横向制表符
\n	换行	\r	回车
\v	纵向制表符	\f	换页

```
>>> print('\tHello Python')
    Hello Python
>>> print("Tom said,\"Let\'s go.\"")
Tom said,"Let's go."
```

如果需要输出一个反斜杠字符,连续输入两个反斜杠(\\)即可。

在 Python 中,可以使用"+"将多个字符串或字符串变量拼接起来,产生新字符串。

```
>>>'人生苦短' + '我用 Python'
'人生苦短我用 Python'
```

也可以直接将一个字符串常量放到另一个的后面直接实现拼接。

```
>>>'人生苦短''我用 Python'
'人生苦短我用 Python'
```

使用 * 可以进行字符串的复制,产生新字符串。

```
>>>'Python' * 2
'PythonPython'
>>> 3 * 'AI'
'AIAIAI'
```

2.5.2 字符串处理函数

Python 语言内置的字符串处理函数如表 2.8 所示。

表 2.8 字符串处理函数

函 数	功 能 描 述	函 数	功 能 描 述
ord()	将字符转换为整数	len()	返回字符串的长度
chr()	将整数转换为字符	str()	返回对象的字符串表示形式

每个字符在计算机中可以表示为一个数字,称为编码。字符串则以编码序列方式存储在计算机中。目前,计算机系统使用的一个重要编码是 ASCII 编码,该编码用数字 0~127 表示计算机键盘上的常见字符以及一些被称为控制代码的特殊值。例如,大写字母 A~Z 用 65~90 表示,小写字母 a~z 用 97~122 表示。

ASCII 编码针对英语字符设计,它没有覆盖其他语言存在的更广泛字符,因此,现代计算机系统正逐步支持一个更大的编码标准 Unicode,它支持几乎所有书写语言的字符。Python 字符串中每个字符都使用 Unicode 编码表示。ord(x)和 chr(x)函数用于在 Unicode 编码值和单字符之间进行转换。

1. ord()函数

ord(x)函数返回字符对应的 Unicode 编码:

```
>>> ord('a')
97
>>> ord('A')
65
>>> ord('中')
20013
```

2. chr()函数

chr(x)返回 Unicode 编码 x 对应的字符：

```
>>> chr(20013)
'中'
>>> chr(9800)
'♈'
```

3. len()函数

len(x)函数返回字符串 x 的长度：

```
>>> len('程序设计')
4
>>> len('Python')
6
```

4. str()函数

str(x)函数返回对象 x 的字符串表示形式：

```
>>> str(5)
'5'
>>> str(2 + 3)
'5'
>>> str(3.14)
'3.14'
>>> str(2 + 3j)
'(2 + 3j)'
```

【例2.6】 输出十二星座的星座符号。

【分析】 十二星座中第 个白羊座的 Unicode 编码为 9800，从 9800 到 9811 即为十二星座的全部 Unicode 编码。通过 chr()函数将 Unicode 编码转换为对应字符。

程序代码如下：

```
for i in range(12):
    print(chr(9800 + i),end = '\t')
```

代码运行结果如下：

♈ ♉ ♊ ♋ ♌ ♍ ♎ ♏ ♐ ♑ ♒ ♓

程序说明：

(1) 这里用了 for 循环结构,重复执行 print()函数输出十二星座符号。

（2）range()是内置函数,用于生成整数序列。range(12)生成 $0,1,2,3,\cdots,11$ 共 12 个整数。

2.5.3　字符串方法

在 Python 解释器内部,所有数据类型都采用面向对象方式实现,封装为一个类。字符串也是一个类,它具有类似<a>.<b>()形式的字符串处理函数。在面向对象中,这类函数被称为"方法"。字符串类提供了很多方法,有大小写转换、查找和替换、字符分类、字符串对齐、字符串格式化等。

1. 大小写转换

英文字符的大小写转换方法如表 2.9 所示。

表 2.9　大小写转换方法

方　　　法	功　能　描　述
s.capitalize()	返回字符串 s 的一个副本,并将其首字母转换为大写,其他字母转换为小写
s.lower()	将英文字母转换为对应的小写形式
s.swapcase()	将英文字母的大小写形式互换
s.title()	将字符串 s 转换为标题形式,即每个单词的首字母大写
s.upper()	将英文字母转换为对应的大写形式

示例如下。

```
>>> s = 'gOoD Luck'
>>> s.capitalize()
'Good luck'
>>> s                        ♯字符串是不可变的
'gOoD Luck'                   ♯原字符串 s 保持不变
>>> s = 'pYthon123'
>>> s.capitalize()           ♯非英文字母保持不变
'Python123'
>>>'PythoN'.lower()
'python'
>>>'PythoN.org'.upper()
'PYTHON.ORG'
>>>'go with the wind'.title()
'Go With The Wind'
>>>'pYTHON'.swapcase()
'Python'
```

2. 查找和替换

字符串的查找和替换方法如表 2.10 所示。其中的每个方法都支持两个可选的参数 start 和 stop,分别表示查找或替换的开始点和结束点(不包括)。

表 2.10　字符串的查找和替换方法

方　　　法	功　能　描　述
s.count(sub[,start[,end]])	统计字符串 s 中子串 sub 的出现次数
s.startswith(prefix[,start[,end]])	字符串 s 以子串 prefix 开头返回 True,否则返回 False

方 法	功 能 描 述
s. endswith(suffix[,start[,end]])	字符串 s 以子串 suffix 结尾返回 True,否则返回 False
s. find(sub[,start[,end]])	在字符串 s 中查找子串 sub,若找到则返回子串的最小下标,否则返回−1;字符串下标的范围为 0~n−1,n 为字符串的长度
s. rfind(sub[,start[,end]])	在字符串 s 中从后往前搜索子串 sub,返回最后出现的位置下标,否则返回−1
s. index(sub[,start[,end]])	同 s.find(),区别是找不到子串 sub 时抛出异常,而不是返回−1
s. rindex(sub[,start[,end]])	同 s.rfind(),区别是找不到子串 sub 时抛出异常,而不是返回−1
s. replace(old,new)	返回字符串 s 的副本,所有 old 字串被替换成 new

示例如下。

```
>>> s = 'pypy123'
>>> s.count('py')
2
>>> s.find('y')
1
>>> s.rfind('y')
3
>>> s.index('y',0,3)
1
>>> s.rindex('y')
3
>>> s = 'hello word'
>>> s.startswith('he',1,5)
False
>>> s.startswith('he')
True
>>> s.endswith('rd')
True
>>>'python'.replace('n','n123.io')
'python123.io'
```

3. 字符分类

判断字符类别的方法如表 2.11 所示,这些方法根据字符串中包含的字符种类对其进行分类。

表 2.11　判断字符类别的方法

方 法	功 能 描 述
s. isalnum()	判断字符串 s 是否由字母、数字组成
s. isalpha()	判断字符串 s 是否由字母组成
s. isdigit()	判断字符串 s 是否由数字组成
s. isidentifier()	判断字符串 s 是否为有效的 Python 标识符
s. islower()	判断字符串 s 中的字母是否为小写字母

示例如下。

```
>>>'python123'.isalnum()
True
```

```
>>>'python123'.isalpha()
False
>>>'python'.isalpha()
True
>>>'678'.isdigit()
True
>>>'name78'.isidentifier()
True
>>>'78name'.isidentifier()          #不能以数字开头
False
>>>'python'.islower()
True
>>>'PYTHON'.isupper()
True
>>>'Python'.isupper()
False
```

4. 字符串对齐

用于字符串对齐的常用方法如表 2.12 所示。

表 2.12　字符串对齐的常用方法

方　　法	功　能　描　述
s. center(width,fillchar)	字符串 s 根据宽度 width 居中,fillchar 为填充的字符,默认为空格
s. ljust(width,fillchar)	字符串 s 左对齐,并使用 fillchar 填充至宽度 width 的长度,fillchar 省略时用空格填充
s. rjust(width,fillchar)	字符串 s 右对齐,并使用 fillchar 填充至宽度 width 的长度,fillchar 省略时用空格填充

示例如下。

```
>>>'python'.replace('n','n123.io')
'python123.io'
>>>'python'.center(20,'=')
'=======python======='
```

5. 字符串格式化

字符串是程序向控制台、网络、文件等介质输出运算结果的主要形式之一,为了能提供更好的可读性和灵活性,字符串类型的格式化是运用字符串类型的重要内容之一。Python语言同时支持两种字符串格式化方法,分别为占位符(%)和 format()方式。占位符方式在Python 2. x 中使用比较广泛。Python 3. x 中主要采用 format()方式进行字符串格式化。字符串 format()方法的基本使用格式如下:

```
<模板字符串>.format(<逗号分隔的参数>)
```

模板字符串由一系列槽组成,用来控制修改字符串中嵌入值出现的位置,其基本思想是将 format()方法中逗号分隔的参数按照序号关系替换到模板字符串的槽中。槽用大括号({})表示,如果大括号中没有序号,则按照出现顺序替换。槽的内部样式如下:

{参数序号:格式控制标记}

格式控制标记用来控制参数显示时的格式,格式内容如图 2.1 所示。

:	<填充>	<对齐>	<宽度>	<,>	<.精度>	<类型>
引导符号	用于填充的单个字符	左对齐< 右对齐> 居中对齐^	槽的设定输出宽度	数字的千位分隔符,适用于整数和浮点数	浮点数小数部分的精度 或 字符串的最大输出长度	整数类型 b,c,d,o,x,X; 浮点数类型e,E,f,%

图 2.1 格式控制标记的字段

格式控制标记包括<填充>、<对齐>、<宽度>、<,>、<.精度>、<类型> 6 个字段,这些字段都是可选的,可以组合使用,这里按照使用方式逐一介绍。

(1) <填充>:可选参数,用于指定空白处填充的字符。它是指<宽度>内除了参数外的字符采用何种方式填充,默认用空格填充。

(2) <对齐>:可选参数,用于指定对齐方式。它是指参数在<宽度>内输出时的对齐方式,分别使用<、>和^三个符号表示左对齐、右对齐和居中对齐。

(3) <宽度>:可选参数,指当前槽的设定输出字符宽度,如果该槽对应的 format() 参数长度比<宽度>设定值大,则使用参数实际长度;如果该值的实际位数小于指定宽度,则位数将被默认以空格字符补充。

示例如下。

```
>>> s = 'python'
>>>'{0:10}'.format(s)          ♯默认左对齐
'python    '
>>>'{0:>10}'.format(s)         ♯右对齐
'    python'
>>>'{0:*^10}'.format(s)        ♯居中且使用 * 填充
'** python **'
>>>'{0:2}'.format(s)           ♯'python'长度比 2 大,使用参数实际长度
'python'
```

(4) <,>:可选参数,用于显示数字的千位分隔符。

(5) <.精度>:可选参数,小数点(.)开头表示两个含义。对于浮点数,精度表示小数部分输出的有效位数;对于字符串,精度表示输出的最大长度。

(6) <类型>:可选参数,用于指定输出整数和浮点数类型的格式规则。对于整数类型,输出格式包括以下 6 种。

b:输出整数的二进制形式。

c:输出整数对应的 Unicode 字符。

d:输出整数的十进制形式。

o:输出整数的八进制形式。

x:输出整数的小写十六进制形式。

X:输出整数的大写十六进制形式。

对于浮点数类型,输出格式包括以下 4 种。

e:输出浮点数对应的小写字母 e 的指数形式。

E:输出浮点数对应的大写字母 E 的指数形式。

f:输出浮点数的标准浮点形式。

%:输出浮点数的百分数形式。

浮点数输出时尽量使用<. 精度>表示小数部分的宽度,有助于更好地控制输出。

示例如下。

```
>>>'{0:e},{0:E},{0:f},{0:%}'.format(3.1415)
'3.141500e + 00,3.141500E + 00,3.141500,314.150000 % '
>>>'{0:.2e},{0:.2E},{0:.2f},{0:.2 % }'.format(3.14)
'3.14e + 00,3.14E + 00,3.14,314.00 % '
```

【例 2.7】 编写程序,用 format()方法分别输出以下字符格式。

(1) 以货币形式显示 1234+5678 的计算结果,带千位分隔符,保留 2 位小数。

(2) 用科学记数法表示 0.002 178,保留 4 位小数。

(3) 圆周率 π 取小数点后 10 位输出。

【分析】 本例采用 format()方法对字符串进行格式化。格式化模板为:字符串 . format(逗号分隔的参数),利用位置映射设置 format()中的槽与参数的关系,同时在槽{}中设置数字的控制格式。

程序代码如下:

```
import math
print('1234 + 5678 以货币形式显示的结果为: ¥{:,.2f}元'.format(1234 + 5678))
print('120000.1用科学记数法表示为: {:.4E}'.format(0.002178))
print("圆周率 π 取 10 位小数是: {:.10f}".format(math.pi))
```

代码运行结果:

```
1234 + 5678 以货币形式显示的结果为: ¥6,912.00 元
120000.1 用科学记数法表示为: 2.1780E - 03
圆周率 π 取 10 位小数是: 3.1415926536
```

程序说明:

(1) 程序中 print()的参数是一个格式化的字符串,在双引号中{}表示槽,槽的作用是输出 format()方法中对应参数,并指定输出的格式。

(2) {:,.2f}表示输出浮点数,且小数点后保留 2 位小数,有千位分隔符。

(3) {:.4E}与{:.4e}功能相同,表示输出值以科学记数法表示,保留 4 位小数。

在交互式编程环境下练习 format()格式化语句,并观察运行结果。

2.6 布尔类型及其操作

布尔值和布尔代数的表示完全一致,一个布尔值只有 True、False 两种值,要么是 True,要么是 False。在 Python 中,可以直接用 True、False 表示布尔值(请注意大小写),也可以通

过关系运算符和逻辑运算符计算出来。关系运算符是<、<=、>、>=、==和!=,逻辑运算符是 and、or 和 not。

1. 关系运算符

Python 中关系运算符可以连用,其含义与人们日常的理解完全一致。使用关系运算符的最重要的前提是操作数之间必须可以比较大小。例如,把一个字符串和一个数字进行大小比较是毫无意义的,所以 Python 也不支持这样的运算,关系运算符如表 2.13 所示。

表 2.13　关系运算符

运　算　符	表　达　式	含　　义	示　　例	结　　果
==	x==y	x 等于 y	"ABCD"=="ABCDEF	False
!=	x!=y	x 不等于	"ABCD"!="abcd"	True
>	x>y	x 大于 y	"ABC">"ABD"	False
>=	x>=y	x 大于或等于 y	"123">="23"	False
<	x<y	x 小于 y	"ABC"<"DEF"	True
<=	x<=y	x 小于或等于 y	"123"<="23"	True

Python 中关系运算符的基本比较法则如下。

(1) 关系运算符的优先级相同。

(2) 对于两个预定义的数值类型,关系运算符按照操作数的数值大小进行比较。

(3) 对于字符串类型,关系运算符比较字符串的值,即按字符的 ASCII 码值从左到右一一比较:首先比较两个字符串的第一个字符,其 ASCII 码值大的字符串大,若第一个字符相等,则继续比较第二个字符,以此类推,直至出现不同的字符或穷尽字符串为止。

以下是关系运算符的示例:

```
>>> 1 < 3 < 5              # 等价于 1 < 3 and 3 < 5
True
>>> 3 < 5 > 2
True
>>> 'Hello' > 'world'     # 'H'的 ASCII 码为 72,'w'的 ASCII 码为 119
False
>>> 'Hello' > 3           # 字符串和数字不能进行比较
# TypeError:'>' not supported between instances of 'str' and 'int'
```

2. 逻辑运算符

逻辑运算符 and、or、not 常用来连接条件表达式构成更加复杂的条件表达式,如表 2.14 所示,并且 and 和 or 具有惰性求值或者逻辑短路的特点,即当连接多个表达式时只计算必须要计算的值。在编写复杂条件表达式时可以充分利用这个特点,合理安排不同条件的先后顺序,在一定程度上可以提高代码的运行速度。

表 2.14　逻辑运算符

运　算　符	含　　义	表　达　式	运　算　规　则
and	逻辑与	A and B	只有 A 和 B 同时为真(True)时,结果才为真(True); 只要 A 和 B 中有一个为假(False),结果即为假(False)
or	逻辑或	A or B	只有 A 和 B 同时为假(False)时,结果才为假(False); 只要 A 和 B 中有一个为真(True),结果即为真(True)

续表

运 算 符	含 义	表 达 式	运 算 规 则
not	逻辑非	not A	A 为真(True)时,结果为假(False);A 为假(False)时, 结果为真(True)

以下是逻辑运算符的示例:

```
>>> 3 > 5 and a > 3              #注意,此时并没有定义变量a
False
>>> 3 > 5 or a > 3              #3 > 5 的值为 False,所以需要计算后面的表达式
NameError: name 'a' is not defined
>>> 2 > 3 and 1 < 2
False
>>> 2 > 3 or 1 < 2
True
>>> not 4 >= 5
True
```

本章小结

本章首先介绍了 Python 中的数值类型及操作,包括数值类型的转换、数值运算符和数值运算常用函数,然后介绍了字符串类型及其操作和格式化方法 format()。

(1) 整数是不含小数点的数字,共有 4 种进制表示:十进制、二进制、八进制和十六进制。整数大小没有限制,可精确表示任意大的数。

(2) 浮点数由整数部分与小数部分组成,其整数和小数部分都可以没有值,但必须要有小数点。用科学记数法表示时,指数部分必须为整数。

(3) int()函数将浮点数或整数类型字符串转换为整数。float()函数将整数或浮点数类型字符串转换为一个浮点数。eval()函数将数值型的字符串对象或表达式转换为可计算对象。

(4) Python 内置数值运算操作符:+、-、*、/、//、% 和 **,分别对应加、减、乘、除、整除、取模和幂运算。幂运算的优先级最高,计算时可用括号改变计算顺序。

(5) Python 内置了一系列与数字运算相关的函数,这些函数可以直接使用。math 库是 Python 提供的内置数学类函数库,可以将 math 库导入后调用其中的函数。

(6) 字符串是字符的序列表示,可以由一对单引号(')、双引号(")或三引号(""")构成。Python 提供内置的字符串处理函数及字符串方法。

(7) format()方法可以方便快速地处理各种字符串,具有非常灵活和强大的字符串格式化功能。

(8) 关系运算符是<、<=、>、>=、== 和!=,逻辑运算符是 and、or 和 not。关系运算和逻辑运算结果为布尔值:True 或 False。

习题

一、思考题

1. Python 语言中整数 1010 的二进制、八进制和十六进制表示分别是什么?

2. Python 语言中-77.0 的科学记数法表示是什么?4.3e-3 的十进制表示是什么?

3. 请思考并描述下面 Python 语句的输出结果。

(1) print("{:>15s}:{:<8.2f}".format("Length"，23.87501))

(2) print("{0:0<8}".format(123))

(3) print(pow(2,10))

4. s="Python String",写出下列操作的输出结果：s.upper()、s.lower()、s.find('i')、s.replace('ing','gni')、s.split(' ')。

5. s.center()方法的功能是什么？

二、编程题

1. 编写程序,输入一个数字作为圆的半径,计算并输出这个圆的面积,输出保留小数点后 2 位数字,圆周率 pi 值取 3.14。

2. 编写程序,输入两个数字 a 和 b,计算并输出这两个数的和、差、积、商。

3. 编写程序,计算底半径为 5cm、高为 10cm 的圆柱体的表面积和体积,圆周率 pi 值取 3.14,体积单位为 cm^3,输出保留小数点后 2 位数字。

4. 用户输入用逗号分隔的三个数字,输出其中数值最小的一个的绝对值。

5. 用户在同一行中输入逗号分隔的两个正整数 a 和 b,以元组形式输出 a 除以 b 的商和余数。

6. 在两行中分别输入一个正整数 m、n,在一行中依次输出 m 和 n 的最大公约数和最小公倍数,两数字间以一个空格分隔。

7. 编写程序,利用 math 库中的 sqrt() 函数,计算下列数学表达式的结果并输出,小数点后保留 3 位小数。

$$x = \sqrt{\frac{(3^4 + 5 \times 6^7)}{8}}$$

8. 输入一个正整数 n,计算 n!并输出。

## 第3章

程序的控制结构

【本章导读】

分支与循环是所有程序设计语言必备的功能。实际上,任何一个程序设计语言的语句都已归入顺序、分支和循环这三类。从理论上讲,只要有了这三类语句,就可以编写任何程序了。顺序、分支和循环这三类语句的执行方式分别如图3.1~图3.3所示。

图 3.1　顺序语句的执行方式　　　图 3.2　分支语句的执行方式　　　图 3.3　循环语句的执行方式

本章将系统地介绍在 Python 程序设计中的分支语句和循环语句。

【本章主要内容】

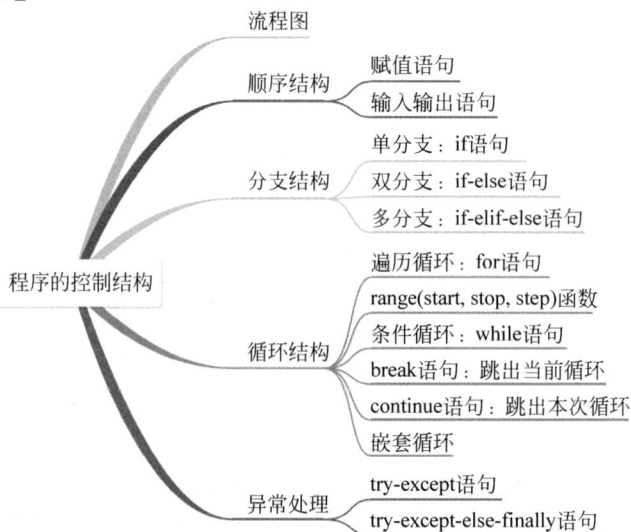

程序的控制结构
- 流程图
- 顺序结构
  - 赋值语句
  - 输入输出语句
- 分支结构
  - 单分支:if语句
  - 双分支:if-else语句
  - 多分支:if-elif-else语句
- 循环结构
  - 遍历循环:for语句
  - range(start, stop, step)函数
  - 条件循环:while语句
  - break语句:跳出当前循环
  - continue语句:跳出本次循环
  - 嵌套循环
- 异常处理
  - try-except语句
  - try-except-else-finally语句

3.1 程序的基本结构

3.1.1 程序流程图

程序(program)是指一组指示计算或其他具有信息处理能力的装置执行动作做出判断的指令。计算机程序通常用高级语言编写源程序,程序包含数据结构、算法、存储方式等,经过语言翻译程序(解释或编译)转换为机器接受的指令。计算机程序是算法的一种实现,计算机按照程序逐步执行算法,实现对问题的求解。

算法(algorithm)是解决问题的方法和步骤,解决问题的过程就是算法实现的过程。程序流程图是描述算法的一种方式。

流程图用一系列流程线和文字说明描述程序的基本操作和控制流程,它是程序分析和过程描述的最基本方式。美国国家标准化协会(ANSI)规定了一些常用的标准流程图符号,如表 3.1 所示。

表 3.1 标准流程图符号

符 号 名 称	图 形	功 能
起止框		表示算法的开始和结束
输入输出框		表示算法的输入输出操作
处理框		表示算法中的各种处理操作
判断框		表示算法中的条件判断操作
流程线		表示算法的执行方向
注释框		表示程序的注释
连接点		表示流程图的延续

3.1.2 程序的基本结构

在计算机刚出现时,它的价格昂贵、内存很小、速度不高。程序员为了在很小的内存下解决大量的科学计算问题,并为了节省昂贵的 CPU 机时费,不得不使用巧妙的手段和技术,手工编写各种高效的程序。其中显著的特点是在程序中大量使用 GOTO 语句,使得程序结构混乱、可读性差、可维护性差、通用性更差。

结构化程序设计的概念最早是由荷兰科学家 E. W. Dijkstra 于 1965 年提出的,他指出:可以从高级语言中取消 GOTO 语句,程序的质量与程序中所包含的 GOTO 语句的数量成反比;任何程序都基于顺序、分支、循环这 3 种基本的控制结构;程序具有模块化特征,每个程序模块具有唯一的入口和出口。这为结构化程序设计的技术奠定了理论基础。

结构化编程主要包括如下两方面。

(1) 在软件设计和实现过程中,提倡采用自顶向下、逐步细化的模块化程序设计原则,构成如图 3.4 所示的树状结构。

(2) 在编写底层模块代码时,强调采用单入口、单出口的 3 种基本控制结构(顺序、分支、循环),限制使用 GOTO 语句,构成如同一串珠子一样顺序清楚、层次分明的结构,如图 3.5 所示。

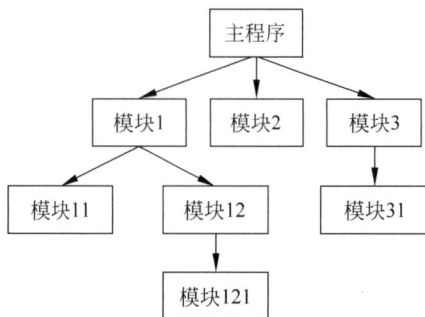

图 3.4　自顶向下的模块化设计　　　　图 3.5　模块单入口和单出口

程序中的语句可以由顺序结构、分支结构和循环结构组成。程序设计通常以顺序结构为主框架,程序语句按先后顺序逐条执行。当程序中需要判断某些条件或多次重复处理某些事件时,可以使用分支结构或循环结构控制程序的执行流程。

3.2　顺序结构

顺序结构是一种线性结构,也是程序设计中最简单、最常用的基本结构。其执行特征为按照语句出现的先后顺序依次执行。顺序结构的流程图如图 3.6 所示,在图中,有一个程序入口、一个程序出口,程序运行过程中依次执行语句 1 和语句 2。

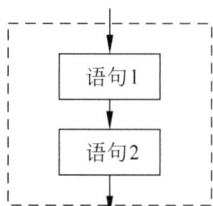

图 3.6　顺序结构的流程图

【例 3.1】　编写程序,从键盘输入圆的半径,计算并输出圆的周长和面积。

【分析】　首先输入圆的半径 R,再根据公式 $L = 2 * \pi * R$,$S = \pi * R * R$ 分别计算周长和面积,最后输出周长和面积。

程序代码如下:

```
R = eval(input("请输入圆的半径: "))
L = 2 * 3.1415 * R
S = 3.1415 * R * R
print(f"圆的周长: {L:.2f}")
print(f"圆的面积: {S:.2f}")
```

代码运行结果:

```
请输入圆的半径: 5
圆的周长: 31.42
圆的面积: 78.54
```

【例 3.2】　编写程序,从键盘输入语文、数学、英语三门课课程的成绩,计算并输出平均成绩,要求平均成绩保留小数点后 1 位。

【分析】 程序的执行流程为:输入三门课的成绩→计算平均成绩→输出平均成绩。输入时使用转换函数将字符串转换为浮点数,输出时采用格式输出方式控制小数点的位数。

程序代码如下:

```python
chinese = float(input('请输入你的语文成绩: '))
math = float(input('请输入你的数学成绩: '))
english = float(input('请输入你的英语成绩: '))
average = (chinese + math + english)/3
print(f'您的平均成绩为: {average:.1f}')
```

代码运行结果:

```
请输入你的语文成绩: 85.5
请输入你的数学成绩: 90
请输入你的英语成绩: 92.5
您的平均成绩为: 89.3
```

3.3　分支结构

分支结构用于解决生活中形形色色的选择问题。它按照设计好的条件,经过判断后有选择地执行程序中的某些特定语句块,或使程序跳转到指定语句后继续执行。在 Python 语言中,分支结构包括单分支结构、双分支结构和多分支结构。

3.3.1　单分支结构:if 语句

if 语句属于单分支结构,其语句格式如下。

```
if 表达式:
    语句块
```

单分支结构程序功能:程序运行到 if 语句时,判断表达式的值是否为 True,如果表达式的值为 True,则执行内嵌的语句块;如果为 False,则跳过语句块,继续执行 if 语句的下一条语句。单分支结构的流程图如图 3.7 所示。

注意:

(1) if 是 Python 关键字,等价于自然语言的如果,if 和表达式之间至少有一个空格。

(2) 表达式可以是算术表达式、关系表达式、逻辑表达式等任意合法的表达式,表达式的返回结果为逻辑值:True 或者 False。

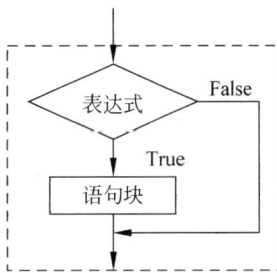

图 3.7　单分支结构的流程图

(3) 在 Python 中,语句块是使用冒号(:)开头的,之后同一语句块内有相同的缩进(通常是 4 个空格或一个 Tab)。

【例 3.3】 编写程序,输入一门课程成绩,当值小于 60 时,输出"你没及格,还要继续努力哦!"。

程序代码如下：

```
score = int(input("输入成绩: "))
if score < 60:
    print("你没及格,还要继续努力哦!")
```

代码运行结果：

```
输入成绩: 58
你没及格,还要继续努力哦!
```

程序说明：当输入成绩大于或等于 60 时,条件 score < 60 为 False,不会执行语句 print("你没及格,还要继续努力哦!")。

3.3.2　双分支结构：if-else 语句

Python 中 if-else 语句用来区分条件的两种可能,即 True 或者 False,分别形成执行路径,其语句格式如下。

```
if 表达式:
    语句块 1
else:
    语句块 2
```

双分支结构程序功能：程序运行到 if 语句时,判断表达式的值是否为 True,如果表达式的值为 True,则执行内嵌的语句块 1; 如果为 False,则执行 else 后面的语句块 2。双分支结构的流程图如图 3.8 所示。

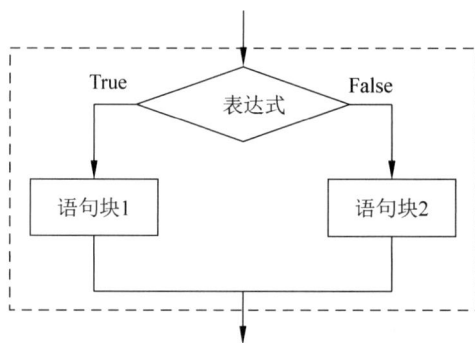

图 3.8　双分支结构的流程图

注意：

(1) if 与 else 都是关键字,书写时必须对齐。

(2) if 和 else 后必须加冒号(:)。

(3) 语句块 1 和语句块 2 具有相同的缩进量。

【例 3.4】　编写程序,输入一个整数,判断该数是奇数还是偶数。

【分析】　本例使用 if-else 语句,判断输入数能否被 2 整除,如果能被 2 整除则为偶数,否则为奇数。

程序代码如下：

```
a = int(input('请输入一个整数: '))
if a%2 == 0:
    print(a,'是偶数。')
else:
    print(a,'是奇数。')
```

代码运行结果：

```
请输入一个整数: 8
8 是偶数。
```

程序说明：通过求余运算%的结果是否为 0 判断整除。

想一想，该问题能否利用单分支语句实现，如何编写代码呢？

双分支结构还有一种更简洁的表达方式，适合通过判断返回特定值，语法如下。

```
<表达式1> if <条件> else <表达式2>
```

其中，表达式 1 和表达式 2 一般是数值类型或字符串类型的一个值。

【例 3.5】 编写程序，输入两个整数，输出最大值。

程序代码如下：

```
a = int(input())
b = int(input())
m = a if a > b else b
print(f'最大值是{m}')
```

代码运行结果：

```
6
8
最大值是 8
```

3.3.3 多分支结构：if-elif-else 语句

Python 中 if-elif-else 语句用来形成多分支结构，其语句格式如下。

```
if 表达式 1.
    语句块 1
elif 表达式 2:
    语句块 2
    …
else:
    语句块 n+1
```

多分支结构程序功能：根据不同表达式的值确定执行哪个语句块，测试条件的顺序为表达式 1，表达式 2，…一旦遇到表达式的值为 True，则执行该表达式下的语句块，然后执行多分支结构的下一条语句。多分支结构的流程图如图 3.9 所示。

注意：

（1）if、elif 与 else 都是关键字，书写时必须对齐。

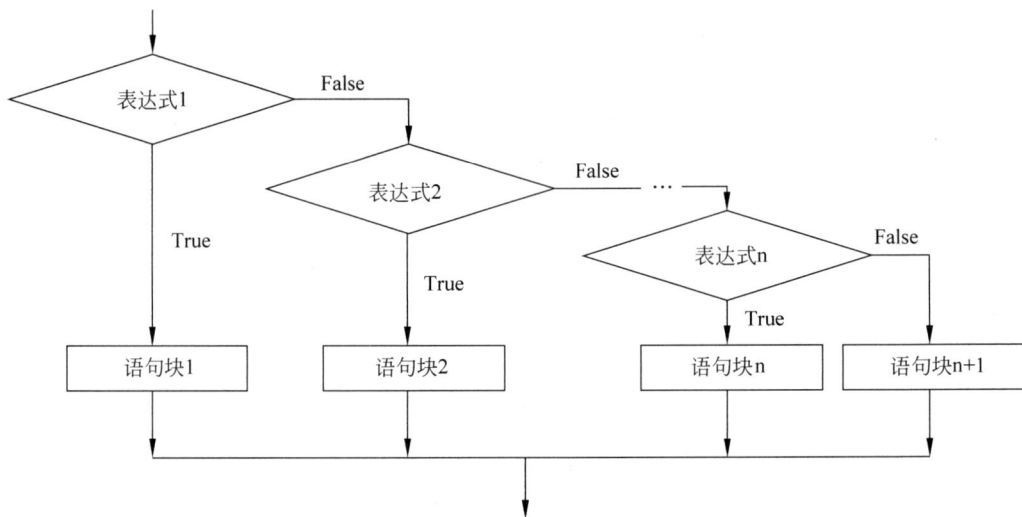

图3.9   多分支结构的流程图

（2）if、elif、else 表达式后必须加冒号（:）。

（3）else 书写在最后，也可以省略不写，当省略 else 语句时，说明所有条件不成立时不执行任何语句。

（4）语句块 1,语句块 2,…,语句块 n 和语句块 n+1 具有相同的缩进量。

【例 3.6】   编写程序,输入某门课程的百分制成绩 score,将其转换为对应五级制的评定等级 grade,评定条件如下。

- 大于或等于 90 分为"优秀"。
- 大于或等于 80 分且小于 90 分为"良好"。
- 大于或等于 70 分且小于 80 分为"中等"。
- 大于或等于 60 分且小于 70 分为"及格"。
- 小于 60 分为"不及格"。

【分析】   当不同条件对应不同的输出时,适合使用多分支结构解决。

程序代码如下：

```python
#① 接收用户输入
score = int(input("请输入百分制成绩："))
#② 判断评定等级
if score >= 90:
    grade = "优秀"
elif score >= 80:
    grade = "良好"
elif score >= 70:
    grade = "中等"
elif score >= 60:
    grade = "及格"
else:
    grade = "不及格"
#③ 输出结果
print(f"{score}分：{grade}")
```

代码运行结果：

```
请输入百分制成绩：85
85 分：良好
```

程序说明：本例也可以通过分支结构嵌套实现。分支嵌套是指一个分支结构的内部包含另一个分支结构。

```
if score > = 70:
    if score > = 90:
        grade = "优秀"
    elif score > = 80:
        grade = "良好"
    else:
        grade = "中等"
else:
    if score > = 60:
        grade = "及格"
    else:
        grade = "不及格"
```

注意：分支嵌套中外层 if 语句与内层 if 语句可以是单分支、双分支或多分支结构，任何一个语句块中都可以包含更内层的 if 语句，同一层的缩进量相同。

3.4　循环结构

计算机最擅长的是重复执行某个工作，这通过循环结构来实现。根据循环执行次数的确定性，循环可以分为确定次数循环和非确定次数循环。确定次数循环指循环体对循环次数有明确的定义，这类循环在 Python 中称为"遍历循环"，其中，循环次数采用遍历结构中的元素个数来体现，具体使用 for 语句实现。非确定次数循环指程序不确定循环体可能执行的次数，而通过判断是否满足某个指定的条件来决定是否继续执行循环体，也称为"条件循环"，采用 while 语句来实现。

3.4.1　遍历循环：for 语句

Python 通过保留字 for 实现"遍历循环"，语法形式如下。

```
for  <循环变量>  in  <遍历结构>:
    <语句块>
```

遍历循环语句从遍历结构中逐一提取元素赋给循环变量。每提取一次元素，就执行一次语句块，直至变量遍历完遍历结构中所有元素后循环结束，接着执行 for 语句的下一条语句。

注意：

(1) 遍历结构包括 range() 函数、字符串、列表和文件等可遍历（可迭代）数据类型和文件。

(2) 遍历结构后要有冒号，循环体可以是一条或多条语句。

(3) 循环的次数由遍历结构中的成员个数决定。

遍历循环还有一种扩展模式,使用方法如下。

```
for  <循环变量>  in  <遍历结构>:
    <语句块 1>
else:
    <语句块 2>
```

在扩展模式中,当 for 循环正常执行之后,程序会继续执行 else 语句中的内容。如果在循环语句中遇 break 语句跳出循环或遇到 return 语句结束程序,则不会执行 else 部分。

3.4.2　range()函数

range()函数是 Python 的内置函数,常用于 for 循环语句中,用于创建一个"整数序列",形式如下。

```
range([start,] stop [,step])
```

range()函数的返回结果是一个起始值为 start、步长为 step、结束值为 end,但不包括 end 的整数序列。

注意:

(1) start、stop、step 都必须是整数,当 step 是正整数时,生成递增序列;当 step 为负整数时,生成递减序列。

(2) 如果 start 参数省略,默认值为 0;如果 step 参数省略,默认值为 1。

(3) range()函数生成的是可迭代对象,不是迭代器,也不是列表类型,而是一个被称为 range 的不常用的数据类型,可以通过 list(range())将生成的序列转换为列表的形式。

```
>>> range(0,5)
range(0, 5)
>>> list(range(0,5))          #省略了 step,默认为 1
[0, 1, 2, 3, 4]
>>> list(range(5))            #省略了 start 和 step
[0, 1, 2, 3, 4]
>>> list(range(0, -5, -1))    #步长为 -1,产生的序列递减
[0, -1, -2, -3, -4]
>>> list(range(-5,0,-1))      #步长为 -1,stop > start 时,生成的序列为[ ]
[]
>>> list(range(0,20,4))
[0, 4, 8, 12, 16]
```

range()函数常与 for 循环一起使用,用于遍历 range()函数生成的对象并控制循环的次数。

【例 3.7】　编写程序,使用 for 循环计算 1+2+…+n 的值,n 从键盘输入。

【分析】　利用 range()函数生成 1~n 的整数序列(初值为 1,终止值为 n+1,步长为 1),再利用累加求和的方法计算和的值。

程序代码如下:

```
n = int(input())
mysum = 0
```

```
for i in range(1,n+1,1):
    mysum = mysum + i
print(f'1～{n}的和是:{mysum}')
```

代码运行结果：

```
100
1～100 的和是：5050
```

程序说明：

(1) range 产生 1～n 的整数序列，i 依次遍历每个数值。使用累加算法 mysum＝mysum＋i，每次循环将新的 i 值加到 mysum 上，从而实现了从 1 到 n 的求和。

(2) 在求和前，需要给 s 赋初值为 0。循环结束后输出结果，print() 要与 for 对齐。

想一想：尝试编程实现计算 1～n 所有奇数和或偶数和，计算 1～n 所有被 5 整除的数之和。

【例 3.8】 编写程序，使用 for 循环，编程计算 n!的值，n 从键盘输入。

【分析】 利用 range() 函数生成 1～n 的整数序列(初值为 1，终止值为 n＋1，步长为 1)，再利用累加求乘积的方法计算乘积的值。

程序代码如下：

```
n = int(input())
s = 1
for i in range(1,n+1,1):
    s = s * i
print(f'{n}!={s}')
```

代码运行结果：

```
10
10!= 3628800
```

程序说明：该例题的设计思路同例 3.7 相似，需要注意的是存放乘积的变量 s 初始值为 1，累乘算法为 s＝s＊i。

求 n 的阶乘也可以直调用 math 库下的 factorial() 函数实现：math.factorial(n)。

```
import math
n = int(input())
print(f'{n}!= {math.factorial(n)}')
```

【例 3.9】 编写程序，输出所有水仙花数。水仙花数是指一个 3 位数，它的每个数位上的数字的 3 次幂之和等于它本身，例如 $153 = 1^3 + 5^3 + 7^3$。

【分析】 利用 range() 函数生成 100～999 的整数，将每个整数各位数字分离，再根据水仙花数的特点进行判断。

程序代码如下：

```
for n in range(100,1000,1):
    a = n % 10
```

```
b = n % 100 // 10
c = n // 100
if n == a ** 3 + b ** 3 + c ** 3:
    print(n, end = ' ')
```

代码运行结果：

```
153 370 371 407
```

【例 3.10】 分类统计字符个数。

编写程序，输入一个字符串，以回车符结束，统计字符串中的英文字母、数字和其他字符的个数（回车符代表结束输入，不计入统计）。

【分析】 利用 for 循环遍历字符串中的字符，逐个判断并统计不同类型的个数。

程序代码如下：

```
mystr = input()
letter, digit, other = 0, 0, 0      #用于计数的 3 个变量初值设为 0
for s in mystr:
    if s.isalpha():
        letter = letter + 1
    elif s.isdigit():
        digit = digit + 1
    else:
        other = other + 1
print(f'letter = {letter}, digit = {digit}, other = {other}')
```

代码运行结果：

```
hello world! 123
letter = 10, digit = 3, other = 3
```

程序说明：

（1）for 循环中的遍历结构，除了 range()函数以外，还可以是其他可迭代对象，例如字符串。

（2）本例利用 for 循环遍历字符串对象，变量 s 在 for 循环中遍历 mystr 字符串的每个字符。在循环体中利用分支语句统计字母、数字、其他字符的个数。

（3）通过字符串的相关方法来判断字符是否某种类型。

s.isalpha()：判断字符串 s 是否由字母组成，如果是，则返回 True，否则返回 False。

s.isdigit()：判断字符串 s 是否由数字组成，如果是，则返回 True，否则返回 False。

3.4.3 条件循环：while 语句

for 循环语句一般用于循环次数确定时，但有些情况无法确定应该执行多少次，这时用 while 循环语句就比较方便。while 语句常用于循环次数未知的循环结构。其语法形式如下。

```
while <条件表达式>:
    <语句块>
```

当条件表达式的值为 True 时,循环体重复执行语句块中的语句;当条件表达式的值为 False 时,循环终止,执行 while 语句的下一条语句。while 语句的流程图如图 3.10 所示。

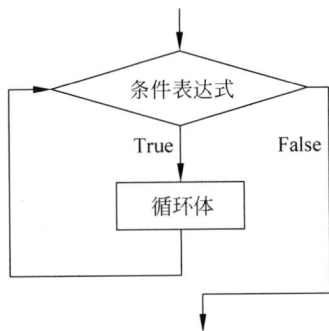

图 3.10 while 语句的流程图

while 循环语句也有一种使用关键字 else 的扩展模式,使用方法如下。

```
while  <条件表达式>:
    <语句块>
else:
    <语句块 2>
```

在这种扩展模式中,当 while 循环正常执行后,程序会继续执行 else 语句中的内容。else 语句只有在循环正常执行后才执行,因此,可以在语句块 2 中放置判断循环执行语句的情况。

【例 3.11】 编写程序,使用 while 循环计算 $1+2+\cdots+n$ 的值,n 从键盘输入。

【分析】 该例可以利用 for 循环来实现,也可以使用 while 循环实现。用 while 循环时,需要给定条件表达式,循环体内必须有使条件表达式趋于不成立的语句。

程序代码如下:

```
n = int(input())
s = 0
i = 1
while i <= n:
    s = s + i
    i = i + 1
print(f'1~{n}的和是{s}')
```

程序说明:使表达式趋于不成立的语句为 i<=n,同时需要在循环体内更新 i 的值,即 i=i+1。

【例 3.12】 验证角谷猜想。

日本数学家角谷静夫在研究数字时发现了一个奇怪现象:对于任意一个正整数 n,若 n 为偶数,则将其除以 2;若 n 为奇数,则将其乘以 3,再加 1。如此经过有限次运算后,则能够得到 1。人们把角谷静夫的这一发现叫角谷猜想。

【分析】 这是一个"递推"问题。所谓递推是利用问题本身所具有的某种递推关系求解问题的方法。其基本思想是从初值出发,归纳出新值与旧值之间的关系,直到最后值为止,从而把一个复杂的计算过程转换为简单过程的多次重复,每次重复都是在旧值的基础上递推出新值,并由新值代替旧值。

本例先从当前 n 值按照角谷猜想的规则递推出新值,依次递推,直到满足 n 等于 1 的终值为止。

程序代码如下:

```
n = int(input("输入自然数: "))
while n > 1:
    if n % 2 == 0:
        n = n/2
    else:
        n = n * 3 + 1
    print(int(n),end = ";")
```

代码运行结果如下:

```
输入自然数: 20
10;5;16;8;4;2;1;
```

程序说明: 类似问题有猴子吃桃子、求高次方程的近似根等。

【例 3.13】 猜数字游戏。计算机随机生成一个 1~20 的整数,让用户来猜,猜错时,给出提示信息:猜大或猜小了,直到用户猜对为止,显示"猜对了,一共猜了 N 次"。

【分析】 由于要持续猜,而且猜的次数不确定,故使用 while 语句。在循环体中,用户输入的数字与系统产生的随机数进行比较,比较结果为大于、等于和小于三种,因此使用分支结构根据比较结果给出提示信息。

程序代码如下:

```
import random
number = random.randint(1, 20)
guess = -1                      #guess 初值为 -1
tries = 0
print("欢迎来到猜数字游戏!")
while guess != number:
    guess = int(input("请输入你猜测的数字(1~20): "))
    tries += 1
    if guess < number:
        print("猜错了,你猜的数字太小了。")
    elif guess > number:
        print("猜错了,你猜的数字太大了。")
    else:
        print("恭喜你,猜对了!你一共猜了{}次".format(tries))
print("游戏结束。")
```

代码运行结果:

```
欢迎来到猜数字游戏!
请输入你猜测的数字(1~20): 10
猜错了,你猜的数字太大了。
请输入你猜测的数字(1~20): 5
```

猜错了,你猜的数字太小了。
请输入你猜测的数字(1~20):7
恭喜你,猜对了!你一共猜了3次
游戏结束。

程序说明:

(1) 在 while 语句中,必须有使循环趋于结束条件的语句,也就是使条件表达式趋于不成立的语句。在本例中,guess 值每次循环时都会重新输入,直到 guess 和 number 相等,循环结束。

(2) 程序首先导入 random 库,randint(1,20)函数产生 1~20 的随机数。Python 中的 random 库是用于产生并运用随机数的标准库,randint(a,b)返回[a,b]的随机整数。

随机数在计算机应用中十分常见,Python 内置的 random 库主要用于产生各种分布的伪随机数序列。所谓伪随机数,是通过算法模拟的,看上去和随机数一样,但实际上是能算出来的数,是可以预见的数(对用户来说不可预见,对计算机则是可预见),不是真正的随机数。

random 库提供了不同类型的随机数函数,所有函数都是基于最基本的 random.random() 函数扩展实现的。表 3.2 列出了 random 库的常用随机数生成函数。

表 3.2　random 库的常用随机数生成函数

函　　数	描　　述
seed(a=None)	初始化随机数种子,默认值为当前系统时间
random()	生成一个(0.0,1.0)的随机小数
randint(a,b)	生成一个[a,b]的随机整数
getrandbits(k)	生成一个 k 比特长度的随机整数
randrange(start,stop[,step])	生成一个以 step 为步长、在(start,stop)内的随机整数
uniform(a,b)	生成一个[a,b]的随机小数
choice(seq)	从序列类型,例如列表中随机返回一个元素
shuffle(seq)	将序列类型中的元素随机排列,返回打乱后的序列
sample(pop,k)	从 pop 类型中随机选取 k 个元素,以列表类型返回

使用 random 库的例子如下。注意,语句每次执行后的结果不一定一样。

```
import random
print(random.randint(1,10))              #产生 1~10 的一个整数随机数,包括 1 和 10
print(random.random())                   #产生 0~1 的随机浮点数
print(random.uniform(1.1,5.4))
#产生 1.1~5.4 的随机浮点数,区间可以不是整数
print(random.choice('tomorrow'))         #从序列中随机选取一个元素
print(random.randrange(1,100,2))         #生成从 1 到 100 的间隔为 2 的随机整数
a = [1,3,5,6,7]                          #将序列 a 中的元素顺序打乱
random.shuffle(a)
print(a)
```

代码运行结果:

```
9
0.2673039293299819
2.025164418116922
```

```
r
87
[7, 1, 6, 3, 5]
```

微实践——圆周率

求圆周率的值是数学中一个非常重要也非常困难的研究课题。中国古代许多数学家致力于圆周率的计算研究。公元 3 世纪,刘徽利用"割圆术",也就是从圆内接正六边形算起,依次将边数加倍,一直算到内接正 3072 边形的面积,从而得到圆周率的近似值为 3.1416。

公元 5 世纪,祖冲之用了 15 年时间算到小数点后 7 位,即 3.141 592 6,这个记录保持了一千多年。之后数学家们利用级数展开式研究出很多计算圆周率的公式,最多计算到小数点后 707 位,典型的公式如下。

公式 1: $\dfrac{\pi}{2} = \dfrac{2^2}{1\times 3} \times \dfrac{4^2}{3\times 5} \times \dfrac{6^2}{5\times 7} \times \dfrac{8^2}{7\times 9} \times \cdots$

公式 2: $\dfrac{\pi}{4} = 1 - \dfrac{1}{3} + \dfrac{1}{5} - \dfrac{1}{7} + \dfrac{1}{9} - \dfrac{1}{11} + \cdots$

公式 3: $\dfrac{\pi}{6} = \dfrac{1}{\sqrt{3}} \times \left(1 - \dfrac{1}{3\times 3} + \dfrac{1}{3^2\times 5} - \dfrac{1}{3^3\times 7} + \cdots\right)$

公式 2 中每一项的分母数字正好相差 2,符号正负交替,可以利用循环结构求解,因循环次数不确定,可用 while 语句实现。

程序代码如下:

```python
pi,i = 0,1
sign = 1
while 1/i >= 1e-6:
    pi = pi + sign * 1/i
    sign = -sign
    i = i+2
print(pi*4)
```

代码运行结果:

```
3.141590653589692
```

增加计算的项数可以提高计算精度,将终止条件设为 10^{-9} 时,π 的值为:

```
3.141592651589258
```

程序说明:在循环体中,每次循环改变 i 值,使 1/i 不断变小,使循环控制条件 1/i >= 1e-6 的结果由 True 逐渐变为 False,从而使循环可以在有限次数内结束。

随着计算机的出现,数学家找到了求解 π 的另类方法:蒙特卡洛(Monte Carlo)方法,又称随机抽样或统计试验方法。该方法属于计算数学的一个分支,由于其能真实地模拟实际物理过程,因此,解决问题与实际非常符合,可以得到很圆满的结果。蒙特卡洛方法广泛应用于数学、物理学和工程领域。

蒙特卡洛方法的基本思想：为了求解问题，首先建立一个概率模型或随机过程，使它的参数或数字特征等于问题的解；然后通过对模型或过程的观察或抽样试验来计算这些参数或数字特征，最后给出所求解的近似值。

应用蒙特卡洛方法求解 π 的基本步骤如下：如图 3.11 所示，正方形内有一个相切的圆，向正方形内随机抛洒大量"飞镖"点，从概率上来说，点落在圆内的概率与总点数相比，就是圆面积与正方形面积的比值，即 π/4。该公式如下：

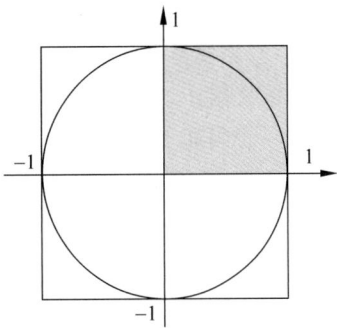

图 3.11 正方形内切圆示意图

$$\frac{\text{圆面积}}{\text{正方形面积}} = \frac{\pi r^2}{(2r)^2} = \frac{\pi}{4}$$

程序代码如下：

```
from random import random
from math import sqrt
cn,n = 0.0,1000000
for i in range(n):
    x,y = random(),random()
    dist = sqrt(x ** 2 + y ** 2)
    if dist <= 1.0:
        cn = cn + 1
pi = 4 * (cn/n)
print(pi)
```

代码运行结果：

```
3.141364
```

程序说明：

（1）random()函数生成[0,1)范围的浮点数。用两个随机数给出"飞镖"点的 x,y 坐标。

（2）sqrt()来自 math 数学库，用来求解参数的平方根。

（3）代码利用 for 循环，生成 1 000 000 个[0,1)的点(x,y)，并计算到原点的距离是否小于或等于 1，若是则该点落在了圆内。

（4）落在圆内点的个数 cn 和总点数 n 的比值就是 π/4。

（5）计算得到的 π 值为 3.141 364，与 3.1414 有些差距，如果随机点数量越大则 π 的值越精确。

3.4.4 break 和 continue 语句

break 和 continue 语句都是用来控制循环结构的，主要是停止循环，一般和 if 语句结合使用。

（1）break 语句用来终止内部循环语句，执行循环结构的下一条语句。

（2）continue 语句跳出本次循环，继续下一次循环。

【例 3.14】 输入一个正整数 n，判断其是否为素数。

【分析】 素数是只能被 1 和其自身整除的正整数。判断一个数 n 是否为素数，只需要判定它在 2~n−1 中是否存在其因子即可。如果存在一个能整除的数字,则数字 n 必然不是素数,不需要再继续判断,利用 break 语句跳出循环。如果顺利完成 2~n−1 的遍历,仍然不存在其因子,则说明该数是素数。

程序代码如下:

```
n = int(input())
for i in range(2,n):            #产生从2到n−1的整数序列
    if n % i == 0:              #若n能被2到n−1的数整除,则n不是素数
        print(f'{n}不是素数。')
        break                   #找到一个整除的数提前结束循环
else:
    print(f'{n}是素数。')        #顺利完成2到n−1的遍历,n是素数
```

代码运行结果:

```
123
123 不是素数。
```

【例 3.15】 逢七必过。逢七必过是一种小游戏,参与者从 1 开始顺序数数,数到带有 7 的数字或者是 7 的倍数时,必须迅速拍手并喊"过"以跳过该数字。编程实现该游戏,从键盘输入正整数 n,1 到 n 依次输出,当遇到带有 7 的数字或者 7 的倍数不输出。

【分析】 以输入 30 为例,对 1~30 的数,进行逐一遍历,当该数包含 7 和可以被 7 整除时,则不输出,其他数则进行输出。

程序代码如下:

```
n = int(input())
for i in range(1,n + 1):
    if i % 7 == 0 or '7' in str(i):
        continue
    print(i,end = '\t')
```

代码运行结果:

```
30
1    2    3    4    5    6    8    9    10   11   12   13   15   16   18   19   20   22   23
24   25   26   29   30
```

程序说明:

(1) 检查数字是否包含 7 可以用表达式 '7' in str(i) 实现。str(i) 将整数 i 转换为字符串,in 用在字符串操作时,表示当字符串包含某相关字符时,返回 True,否则返回 False。

(2) 当表达式 i % 7 == 0 or '7' in str(i) 为 True 时,跳过本次循环,不再执行 print(i, end = '\t') 语句,提前进入下一次循环。

3.4.5 嵌套循环

在一个循环体内,包含另一个循环就是嵌套循环。循环可以多层嵌套,每增加一层循环就多一层缩进,最内侧循环体内的语句执行的次数为各重循环次数相乘。

【例 3.16】 输出九九乘法表。

```
1 * 1 = 1
1 * 2 = 2    2 * 2 = 4
1 * 3 = 3    2 * 3 = 6    3 * 3 = 9
1 * 4 = 4    2 * 4 = 8    3 * 4 = 12   4 * 4 = 16
1 * 5 = 5    2 * 5 = 10   3 * 5 = 15   4 * 5 = 20   5 * 5 = 25
1 * 6 = 6    2 * 6 = 12   3 * 6 = 18   4 * 6 = 24   5 * 6 = 30   6 * 6 = 36
1 * 7 = 7    2 * 7 = 14   3 * 7 = 21   4 * 7 = 28   5 * 7 = 35   6 * 7 = 42   7 * 7 = 49
1 * 8 = 8    2 * 8 = 16   3 * 8 = 24   4 * 8 = 32   5 * 8 = 40   6 * 8 = 48   7 * 8 = 56   8 * 8 = 64
1 * 9 = 9    2 * 9 = 18   3 * 9 = 27   4 * 9 = 36   5 * 9 = 45   6 * 9 = 54   7 * 9 = 63   8 * 9 = 72   9 * 9 = 81
```

【分析】 传统九九乘法表有行有列,每一行的乘数的值 row 是有规律的,都是在上一行乘数的基础上加 1,并且同一行的乘数都是相同的;被乘数 column 的值从 1 变到 row,每次增加 1。可见乘数 row 相对稳定,被乘数 column 每一行都是从 1 变到 row,可用嵌套循环,外循环变量用 row 表示,初值是 1,终值是 9;内循环变量用 column 来表示,初值是 1,终值是 row。

程序代码如下:

```
for row in range(1,10):
    for column in range(1,row + 1):
        print("{0:<1} * {1:<1} = {2:<3}".format(column, row, row * column), end = "   ")
    print()
```

程序说明:

(1) 如果把外循环比作钟表的分针,那么内循环就是秒针,分针走一格,秒针走一圈。即外循环执行一次,内循环执行一圈。

(2) print("{0:<1} * {1:<1} = {2:<3}". format(column, row, row * column), end = "   ")这行语句中的"{2:<3}",2 表示输出列表中的第 3 个参数,3 表示该参数占 3 列,"<"表示左对齐,右侧补空格。

微实践——百钱买百鸡

百钱买百鸡问题是一个数学问题,出自中国古代 5 6 世纪成书的《张邱建算经》,是原书卷下第 38 题,该问题导致三元不定方程组,其重要之处在于开创"一问多答"的先例。问题描述:鸡翁一值钱五,鸡母一值钱三,鸡雏三值钱一。百钱买百鸡,问鸡翁、鸡母、鸡雏各几何?

百钱买百鸡问题还有多种表达形式,如百僧吃百馒,百钱买百禽等。宋代《杨辉算法》内有类似问题,中古时近东各国也有相仿问题流传。例如印度算书和阿拉伯学者艾布·卡米勒的著作内都有百钱买百禽的问题,且与《张邱建算经》的题目几乎全同。

【分析】 设公鸡、母鸡、小鸡分别为 x、y、z 只,由题意得:

① $x + y + z = 100$

② $5x + 3y + (1/3)z = 100$

有两个方程,三个未知量,称为不定方程组,有多种解,可采用枚举法。

百钱买百鸡的问题,就是在 0~100 内确定 x、y、z 的值,当三者满足条件①和②时,所求得的 x、y、z 值即为其中的一个解,据此可得出以下算法,流程图如图 3.12 所示。

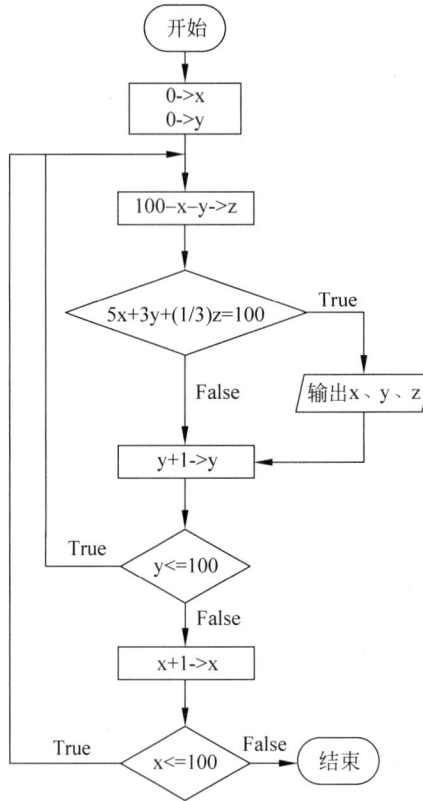

图 3.12　百钱买百鸡问题的流程图

（1）设 x＝0,y＝0。

（2）z＝100－x－y。

（3）如果 5x＋3y＋(1/3)z＝100,则输出 x、y、z 的值。

（4）y＝y＋1,如果 y＜＝100,则转(2)。

（5）x＝x＋1,如果 x＜＝100,则转(2)。

（6）算法结束。

计算机程序实现枚举法的基本方法：用循环结构实现一一枚举的过程,用选择结构实现验证的过程。

程序代码如下：

```
for x in range(0,101):
    for y in range(0,101):
        z = 100 - x - y
        if 5 * x + 3 * y + (1/3) * z == 100:
            print(x,y,z)
```

代码运行结果：

```
0 25 75
4 18 78
8 11 81
12 4 84
```

拓展

枚举法也叫穷举法,很像数学上的"完全归纳法",并在密码破译方面得到了广泛的应用。简单来说就是将密码进行逐个推算直到找出真正的密码为止。破解任何一个密码都只是一个时间问题。在一些领域,为了提高密码的破译效率而专门为其制造的超级计算机也不在少数,例如 IBM 为美国军方制造的"飓风"就是很有代表性的一个。现今稍具严密度的密码验证机制都会设下试误的可容许次数以应对使用密码穷举法的破解者。当试误次数达到可容许次数时,密码验证系统会自动拒绝继续验证,有的甚至还会自动启动入侵警报机制。

3.5 异常处理

3.5.1 try-except 语句

首先要区分错误(error)与异常(exception),错误发生在编译阶段。

```
>>> print("Hello World")              # 双引号必须是英文半角
SyntaxError: invalid character '"' (U+201C)
>>> if a < 6                          # 整数 6 后缺少一个英文冒号
SyntaxError: invalid syntax
```

错误也会发生在运行阶段,此时叫作异常。观察下面的程序:

```
a = float(input('请输入被除数: '))
b = float(input('请输入除数: '))
c = a/b
print(c)
```

当用户依次输入 5 和 2 时,程序正常运行,如果用户输入的是 5 和 0,运行结果如下:

```
请输入被除数: 5
请输入除数: 0                          # 除数为 0
Traceback (most recent call last):     # Traceback 为异常回溯标记
File "E:\例 3.13.py", line 3, in <module>  # 异常发生的代码行数 line 3
    c = a/b
ZeroDivisionError: division by zero
# 异常类型 ZeroDivisionError,异常内容提示 division by zero
```

可以看到 Python 解释器返回了异常信息,包括异常发生的代码行数、异常的类型及异常内容提示等。Python 异常信息中最重要的部分是异常类型,它表明发生异常的原因,也是程序处理异常的依据。表 3.3 为常见的异常类型。

表 3.3　常见的异常类型

异 常 类 型	描　　　述
SystemExit	解释器请求退出
FloatingPointError	浮点计算错误
OverflowError	数值运算超出最大限制

异 常 类 型	描　　述
ZeroDivisionError	除(或取模)零(所有数据类型)
ImportError	导入模块/对象失败
IndexError	序列中没有此索引(index)
RuntimeError	一般的运行时错误
AttributeError	对象没有这个属性
IOError	输入输出操作失败
OSError	操作系统错误
KeyError	映射中没有这个键
TypeError	对类型无效的操作
ValueError	传入无效的参数

Python 使用 try-except 语句实现异常处理,其基本语法格式如下。

```
try:
    <语句块 1>
except <异常类型>:
    <语句块 2>
```

语句块 1 是正常执行的程序内容,当发生异常时执行 except 关键字后面的语句块。

【例 3.17】 异常处理。

为上述程序增加异常处理,代码如下:

```
try:
    a = float(input('请输入被除数: '))
    b = float(input('请输入除数: '))
    c = a / b
    print(c)
except ZeroDivisionError:
    print('除数不能为 0,请重新输入!')
```

代码运行结果:

```
请输入被除数: 5
请输入除数: 0
除数不能为 0,请重新输入!
```

3.5.2　try-except-else-finally 语句

运行例 3.17 的程序,如果用户输入的是非浮点数字符串,则会引发 ValueError：could not convert string to float 异常。

如果程序中可能出现多种类型的异常,则可以通过多个 except 捕获并分别进行处理。如果对于异常类型不明确,则可以不加异常类型,这样可以捕获所有的异常。

try except 语句支持多个 except 语句,语法格式如下。

```
try:
    <语句块 1>
except  <异常类型 1>:
```

```
    <语句块 2>
…
except  <异常类型 N>:
    <语句块 N + 1>
except:
    <语句块 N + 2>
```

第 1～N 个 except 语句后面都指定了异常类型,说明这些 except 所包含的语句块只处理这些类型的异常。最后一个 except 语句没有指定任何类型,表示它对应的语句块可以处理所有其他异常。这个过程与 if-elif-else 语句类似,是分支结构的一种表达方式。将例 3.17 修改为:

```
try:
    a = float(input('请输入被除数: '))
    b = float(input('请输入除数: '))
    c = a / b
    print(c)
except ValueError:
    print('输入错误,请输入一个浮点数!')
except ZeroDivisionError:
    print('除数不能为 0,请重新输入!')
except:
    print('其他错误!')
```

当用户输入非浮点数字符串时,ValueError 将被捕获,提示用户输入类型错误;当用户输入 0 作为除数时,ZeroDivisionError 将被捕获,提示除数不能为 0。

代码运行结果 1:

```
请输入被除数: hello
输入错误,请输入一个浮点数!
```

代码运行结果 2:

```
请输入被除数: 5
请输入除数: 0
除数不能为 0,请重新输入!
```

除了 try 和 except 关键字外,异常语句还可以与 clsc 和 finally 保留字配合使用,语法格式如下。

```
try:
    <语句块 1>
except  <异常类型 1>:
    <语句块 2>
else:
    <语句块 3>
finally:
    <语句块 4>
```

此时的 else 语句与 for 循环和 while 循环中的 else 一样,当 try 中的语句块 1 正常执行结束且没有发生异常时,则执行 else 中的语句块 3。无论 try 中的语句块 1 是否发生异常,均会执行 finally 中的语句块 4。finally 放在最后,通常做一些后续的处理,例如关闭文件、资源回收等。

采用 else 和 finally 修改例 3.17 的代码如下:

```
try:
    a = float(input('请输入被除数: '))
    b = float(input('请输入除数: '))
    c = a / b
except ValueError:
    print('输入错误,请输入一个浮点数!')
except ZeroDivisionError:
    print('除数不能为 0,请重新输入!')
except:
    print('其他错误!')
else:
    print('没有发生异常!')
    print(c)
finally:
    print('无论是否发生异常,都会执行!')
```

代码运行结果 1:

```
请输入被除数: 5
请输入除数: 2
没有发生异常!
2.5
无论是否发生异常,都会执行!
```

代码运行结果 2:

```
请输入被除数: 5
请输入除数: 0
除数不能为 0,请重新输入!
无论是否发生异常,都会执行!
```

虽然 try-except 语句可以捕获和处理多种异常类型,但不能过度依赖这种方法。try-except 异常一般只用来检测极少发生的情况,例如,用户输入的合规性或文件打开是否成功等。只有在错误发生的条件无法预知的情况下,才使用 try-except 语句进行处理。

在程序设计过程中,防御性方式编码比捕获异常方式更好,应尽量采取这种编程方式,提升性能并使程序更健壮。

本章小结

本章主要介绍了程序的基本控制结构——分支结构和循环结构以及异常处理。其主要内容如下。

(1)分支结构用 if-elif-else 语句或其组合来选择要执行的语句。if 和 elif 后都有条件表达式,当表达式的值为真时执行对应的语句块。else 子句后面无条件表达式,直接以冒号结束。

（2）for 循环语句一般用于循环次数可确定的情况，也称为遍历循环。while 循环一般用于循环次数不确定的情况，通过判断是否满足某个指定的条件来决定是否进行下一次循环，也称为条件循环。while 可构造无限次循环，在循环体中判定是否达到结束循环的条件，用 break 语句终止循环。else 分支下的语句仅在循环迭代正常完成之后执行。

（3）range()函数常用于 for 循环语句中，用于遍历 range()函数生成的对象并控制循环的次数。range(start,stop[,step])函数可获得从 start 开始到 stop−1 结束、步长为 step 的整数数列。

（4）continue 语句和 break 语句都应用于 while 或 for 循环语句中，和 if 语句配合使用。continue 语句的作用是跳过本次循环中剩余语句的执行，提前进入下一次循环。break 语句用于跳过当前循环中未执行的次数，提前结束语句所在的循环。

（5）Python 无法正常处理程序时会发生异常，使用 try、except、else 和 finally 这几个关键词来组成一个包容性很好的程序，用 try 可以检测语句块中的错误，从而让 except 语句捕获异常信息并处理，通过捕捉和处理异常，加强程序的健壮性。

习题

一、思考题

1. 流程图可以用哪些符号表示？分别表示什么含义？

2. 请分析下面的程序，若输入 score 为 80，则输出 grade 为多少？是否符合逻辑？为什么？

```
if score >= 60.0:
    grade = 'D'
elif score >= 70.0:
    grade = 'C'
elif score >= 80.0:
    grade = 'B'
elif score >= 90.0:
    grade = 'A'
```

3. 下列代码的输出结果为

```
for s in "HelloWorld":
    if s == "W":
        continue
    print(s,end=" ")
```

4. 下列代码的输出结果为＿＿＿＿＿＿＿＿＿＿＿＿

```
for s in "HelloWorld":
    if s == "W":
        break
    print(s,end=" ")
```

5. 给出下面代码：

```
age = 23
start = 2
```

```
if age % 2 != 0:
    start = 1
for x in range(start, age + 2, 2):
    print(x)
```

上述程序输出值的个数是＿＿＿＿＿＿＿＿＿＿＿＿

6. 给出下面代码：

```
k = 10000
while k > 1:
    print(k)
    k = k/2
```

上述程序 while 循环体的执行次数是＿＿＿＿＿＿＿＿＿＿＿＿

7. 下面代码的输出结果是＿＿＿＿＿＿＿＿＿＿＿＿

```
for i in range(1, 6):
    if i % 3 == 0:
        break
    else:
        print(i, end = ",")
```

8. 下面代码的输出结果是＿＿＿＿＿＿＿＿＿＿＿＿

```
for num in range(2, 10):
    if num > 1:
        for i in range(2, num):
            if(num % i) == 0:
                break
        else:
            print(num, end = ",")
```

9. 请阐述一下 try、catch、else、finally 关键字在异常处理中的作用。

10. 如果不用异常处理机制，还有什么方法可以判断用户输入的合法性？

二、编程题

1. 编写程序，从键盘上输入三个数，输出最大的数。

2. 编写程序，输入一个年份，判断该年份是否是闰年并输出结果。

（1）普通闰年：公历年份是 4 的倍数，且不是 100 的倍数的（如 2004 年、2020 年等就是闰年）。

（2）世纪闰年：公历年份是整百数的，且必须是 400 的倍数（如 1900 年不是闰年，2000 年是闰年）。

3. 判断三角形并计算面积。输入三个数 a，b，c，判断能否以它们为三个边长构成三角形。若能，则输出 YES，并利用海伦公式计算三角形面积（结果保留 2 位小数），否则输出 NO。

$$S = \sqrt{p(p-a)(p-b)(p-c)}$$

其中，p 为三角形半周长，即 p＝(a＋b＋c)/2。

4. 测算身高。单位为厘米，参考公式如下：

男性身高＝(父亲身高＋母亲身高)×1.08÷2

女性身高＝(父亲身高×0.923＋母亲身高)÷2

要求：分别输入性别及父母身高(厘米)，计算并输出身高数据。如果性别输入不符合要求，则输出"无对应公式"。

5. BMI(Body Mass Index,身体质量指数)是目前国际上常用的衡量人体胖瘦以及是否健康的一个标准，计算公式为 BMI＝体重(kg)/身高^2(m^2)。BMI≤18.5，体重过轻；18.5≤BMI＜24，体重正常；24≤BMI＜28，体重过重；BMI≥28，肥胖。编写程序，输入身高和体重，根据 BMI 判断体质情况。

6. 编写程序，求 200 以内能被 13 整除的最大正整数。

7. 输入两个自然数，编写程序求这两个数的最大公约数和最小公倍数。

8. 猴子吃桃子。猴子第一天摘下若干桃子，当即吃了一半，还不过瘾，又多吃了一个；第二天早上又将剩下的桃子吃掉一半，又多吃了一个。以后每天早上都吃了前一天剩下的一半多一个。到第七天早上想再吃时，见只剩下一个桃子了，试编写程序计算猴子第一天共摘了多少个桃子。

9. 求自然常数 e 的近似值。近似公式如下，要求最后一项小于临界值 0.000 01。

$$e = 1 + \frac{1}{1!} + \frac{1}{2!} + \frac{1}{3!} + \cdots + \frac{1}{n!} + \cdots \approx 1 + \sum_{i=1}^{n} \frac{1}{i!}$$

10. 一个数如果恰好等于它的因子之和，这个数就称为"完数"，例如 6＝1＋2＋3,6 是一个完数。编写程序，找出 1000 以内的所有完数，并将完数以类似 6＝1＋2＋3 的形式输出。

11. 鸡兔同笼问题。大约在 1500 年前，《孙子算经》中记载一个有趣的问题：今有雉兔同笼，上有三十五头，下有九十四足，问雉兔各几何？大概的意思是：有若干鸡兔同在一个笼子里，从上面数，有 35 个头，从下面数，有 94 只脚，问笼中各有多少只鸡和兔？请编写一个程序，用户在同一行内输入两个整数，代表头和脚的数量，编程计算笼中各有多少只鸡和兔(假设鸡和兔都正常，无残疾)。如果无解则输出 Data Error!。

12. 编写程序实现 100 以内加、减、乘、除运算测试功能。

(1) 随机产生两个[1,10]内的整数和＋、－、＊、/符号中的一个。

(2) 输出表达式并接收用户输入的答案。

(3) 对结果进行判断，并输出判断的结果。

(4) 每次测试共生成 30 道测试题。

(5) 测试完成后，计算并输出用户的答题正确率。

第4章

组合数据类型

【本章导读】

计算机不仅对单个变量表示的数据进行处理,更通常的情况是,计算机需要对一组数据进行批量处理。例如:

(1)给定某门课程的学生成绩,统计不及格人数、优秀人数,按照分数排序。

(2)给定一组单词,计算并输出每个单词的长度。

上述问题就需要通过组合数据类型来处理。组合数据类型能够将多个同类型或不同类型的数据组织起来,通过单一的表示使数据操作更有序、更容易。

Python中的组合数据类型主要有序列类型、映射类型和集合类型。序列类型是一个元素向量,元素之间存在先后关系,通过序号进行访问。序列类型主要有列表、元组和字符串等。映射类型是一种键值对,一个键只能对应一个值,但是多个键可以对应相同的值,而且通过键可以访问值。字典是Python中唯一的映射类型。集合类型是由数学中的集合概念引入的,集合是一个无序的不重复元素的序列。

【本章主要内容】

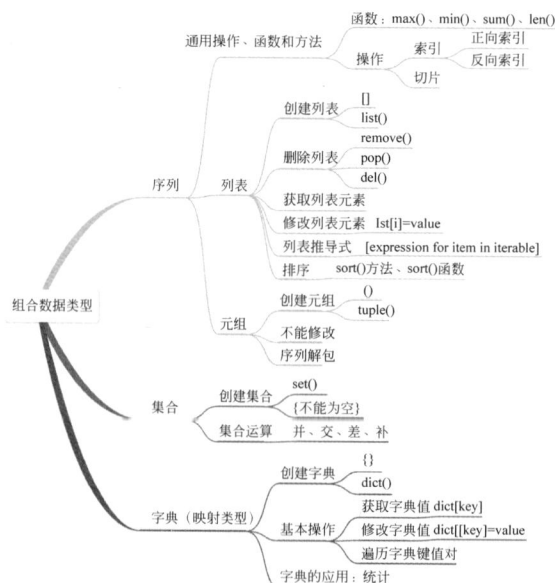

4.1　列表

Python 中的列表(list)是置于方括号"[ ]"中的一组数据,数据项之间用逗号分隔。列表中的每个数据项称为一个元素,元素存在先后位置关系,并从 0 开始编号,这个序号称为下标或者索引。例如,列表 week 中的元素 Sunday 下标为 0,Monday 的下标为 1,…,Saturday 的下标为 6。

```
week = [ 'Sunday','Monday', 'Tuesday', 'Wednesday', 'Thursday', 'Friday', 'Saturday']
```

4.1.1　列表的创建

1. 列表创建

将置于方括号"[]"中、用逗号分隔的一组数据赋值给一个变量即可创建列表对象。例如:

```
a_list = [80,95,78,66]        #元素为整数的列表
b_list = [ ]                  #空列表
```

也可以使用 list()函数,将元组、range 对象、字符串、字典的键、集合或其他类型的可迭代对象类型的数据转换为列表。

```
print(list())                 #当list()函数的参数为空时生成一个空列表: [ ]
print(list(range(1,10,2)))    #对象 range(1,10,2)转换为列表:[1, 3, 5, 7, 9]
print(list('Python'))         #字符串'Python'转换为列表['P', 'y', 't', 'h', 'o', 'n']
```

2. 列表索引

通过"列表名[下标]"可以访问列表中对应位置的元素。Python 为列表使用下标/索引访问列表元素提供了两种序号体系,包括正向递增序号和反向递减序号。假设列表长度为n,正向递增序号从左往右,从 0 开始,最右侧的序号为 n−1;反向递减序号从−1 开始,最左侧的序号为−n,最右侧的序号为−1。列表 a_list=[80,95,78,66]各元素索引值如图 4.1 所示。

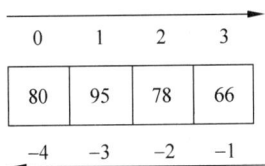

图 4.1　a_list 各元素索引值

使用的下标如果超出实际范围,例如,操作者试图访问 a_list[4],则会出现运行错误——IndexError: list index out of range。

3. 获取列表元素个数

使用 len()函数可以获取列表中的元素个数,如果 len()函数括号中提供的是一个字符串,则会返回字符串的字符总数。对于 Python 而言,列表(list)是一种与 int、float、str 并列的数据类型。

```
week = [ 'Sunday','Monday', 'Tuesday', 'Wednesday', 'Thursday', 'Friday', 'Saturday']
print(len(week))              #列表 week 的元素个数为 7
```

4.1.2 列表的基本操作

1. 修改列表元素值

```
week = ['Sunday','Monday', 'Tuesday', 'Wednesday', 'Thursday', 'Friday', 'Saturday']
week[3] = 3
print(week[2],week[3],week[-1])
```

代码运行结果：

```
Tuesday 3 Saturday
```

程序说明：

（1）使用下标/索引是访问列表元素最常用的方法。

（2）week[3]=3 将使索引为 3 的旧元素被替换成新元素 3。week[-1]代表 week 列表的最后一个元素。

2. 遍历列表

通过 for 循环遍历列表，例如：

```
stu = ['tom',18,'70kg','183cm']
for x in stu:
    print(x,end = '\t')
```

代码运行结果：

```
tom    18    70kg    183cm
```

3. 删除列表元素

Python 语言中删除列表元素的方法有三种，包括 remove()、pop()和 del 语句。

（1）lst.remove(x)删除列表 lst 中首次出现的指定元素 x，如果元素 x 不存在，则抛出异常。remove()方法适用于知道要删除的值的情况。

```
aList = ['123','xyz','zara','abc','xyz']    #创建列表 aList
aList.remove('xyz')                         #删除列表中首次出现的字符串元素'xyz'
print(aList)                                #输出['123', 'zara', 'abc', 'xyz']
aList.remove(123)                           #删除列表中整数元素 123
#列表中存在字符串'123',不存在整数 123。抛出异常 ValueError: list.remove(x): x not in list
```

（2）lst.pop(i)用于移除列表 lst 中下标为 i 的一个元素，并返回成功删除的列表元素，此处 i 为整数且不超过列表下标范围。当括号中无参数时，默认移除列表的最后一个元素。

```
aList = ['123','xyz','zara','abc','xyz']
aList.pop(2)                    #移除列表中序号为 2 的元素'zara'
print(aList)                    #['123', 'xyz', 'abc', 'xyz']
s = aList.pop()                 #移除列表中最后一个元素。
print(aList,s)                  #输出列表['123', 'xyz', 'abc']和删除的元素 xyz
```

(3) del lst[i]删除索引 i,如果给定的索引超出列表的范围,则抛出异常。

```
aList = list(range(1,10,2))
print(aList)                    #[1, 3, 5, 7, 9]
del aList[2]                    #删除索引为 2 的元素
print(aList)                    #[1, 3, 7, 9]
```

4. 添加列表元素

Python 提供了 append()、insert()和 extend()三种方法用于向列表中添加元素。

(1) lst. append(x)方法:用于向列表末尾追加一个元素,lst 为操作的列表名,x 为增加的元素。

```
aList = [80, 95, 78, 66]
aList.append('python')         #列表末尾增加新元素'python'
print(aList)                   #输出[80, 95, 78, 66, 'python']
```

(2) lst. insert(i, x)方法:在指定的索引位置 i 添加数据元素 x。

```
aList = [80, 95, 78, 66]
aList.insert(2,'python')       #在索引为 2 的位置插入新元素'python'
print(aList)                   #输出[80, 95, 'python', 78, 66]
```

(3) lst. extend(L):将另一个列表 L 中的所有元素追加到当前列表 lst 的末尾。

```
aList = [80, 95, 78, 66]
bList = [10,20]
aList.extend(bList)            #在原列表末尾增加新列表中的元素 10,20
print(aList)                   #输出[80, 95, 78, 66, 10, 20]
```

5. 列表的嵌套

列表中可以容纳任何类型的元素,当然也可以容纳类型为列表的元素,这称为列表的嵌套。

【例 4.1】 列表的嵌套。

程序代码如下:

```
zhang = ['202401','张三','男',18]
li = ['202402','李四','女',19]
wang = ['202403','王五','男',18]
students = [zhang,li,wang]
zhao = ['202404','赵六','女',17]
students.append(zhao)
print(students[2])
print(students[2][1])
```

代码运行结果:

```
['202403', '王五', '男', 18]
王五
```

4.1.3　列表的切片操作

切片是 Python 中序列的重要操作之一,适用于列表、元组、字符串、range 对象等类型。切片使用两个冒号分隔的三个数字来完成。

```
lst[start: stop: step]
```

（1）lst 为列表名称。

（2）第一个数字 start 表示切片开始位置（默认为 0）。

（3）第二个数字 stop 表示切片截止（但不包含）位置（默认为列表长度）。

（4）第三个数字 step 表示切片的步长（默认为 1），当步长省略时可以顺便省略最后一个冒号。

可以使用切片来截取列表中的任何部分,得到一个新列表。例如:

```
nums = [10,20,30,40,50,60,70,80,90]
some_nums = nums[2:7]
print(type(some_nums))          #输出<class 'list'>
print(some_nums)                #输出[30, 40, 50, 60, 70]
print(nums)                     #输出[10, 20, 30, 40, 50, 60, 70, 80, 90]
aList = [80, 95, 78, 66, 10, 20]
print(aList[0:6:1])             #输出[80, 95, 78, 66, 10, 20]
print(aList[2:5])               #输出[78, 66, 10]
print(aList[1:6:2])             #输出[95, 66, 20]
print(aList[::])                #输出[80, 95, 78, 66, 10, 20]
print(aList[::-1])              #输出[20, 10, 66, 78, 95, 80]
print(aList[-1:-5:-1])          #输出[20, 10, 66, 78]
print(aList[100:])              #输出[]
```

切片操作示意如图 4.2 所示。

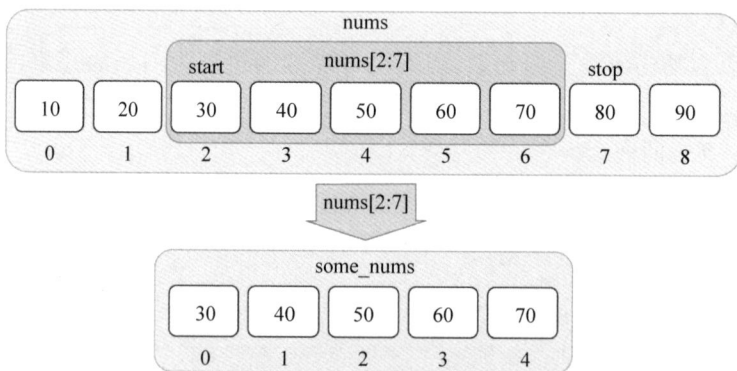

图 4.2　切片操作示意

与使用下标访问列表元素的方法不同,切片操作不会因为下标越界而抛出异常,而是简单地在列表尾部截断或者返回一个空列表,代码具有更强的健壮性。

用切片赋值的方法可以实现列表元素的更新,要求新值也为列表。

```
aList = [3, 5, 7]
aList[len(aList):] = [9]         #相当于 aList[3:] = [9],给列表增加元素 9
```

```
print(aList)                    #输出[3, 5, 7, 9]
aList[:3] = [1, 2, 3]           #更新[3, 5, 7,9]的前3个元素为[1, 2, 3]
print(aList)                    #输出[1, 2, 3, 9]
aList[:3] = []                  #删除[1, 2, 3, 9]前3个元素
print(aList)                    #输出[9]
aList = list(range(10))         #aList: [0, 1, 2, 3, 4, 5, 6, 7, 8, 9]
aList[::2] = [0] * 5            #切片不连续
print(aList)                    #输出[0, 1, 0, 3, 0, 5, 0, 7, 0, 9]
```

切片连续时,新值元素数量与切片元素数量可以不相同,会根据新值的数量实现自动添加或删除;切片不连续时,切片元素数量和新值元素数量必须相同。

微实践——今天是第几天

公历纪元法以回归年为基本单位,将一年划分为 12 个月。除 2 月外,其余月份分为大、小月,其中 1 月、3 月、5 月、7 月、8 月、10 月、12 月为大月,设有 31 天;4 月、6 月、9 月、11 月为小月,设有 30 天;2 月较为特殊,在平年为 28 天,闰年则为 29 天。如此,平年有 365 天,闰年则有 366 天,如表 4.1 所示。

普通年(不能被 100 整除的年份)能被 4 整除的为闰年(如 2004 年就是闰年,1999 年不是闰年);世纪年(能被 100 整除的年份)能被 400 整除的是闰年(如 2000 年是闰年,1900 年不是闰年)。

表 4.1 月份—天数

月份	1 月	2 月	3 月	4 月	5 月	6 月	7 月	8 月	9 月	10 月	11 月	12 月
天数	31	28	31	30	31	30	31	31	30	31	30	31

【分析】 利用列表存储每个月的天数 days=[31,28,31,30,31,30,31,31,30,31,30,31],如果是闰年修改 2 月的天数。例如,2024 年 11 月 8 日,2024 年是闰年,days[1]=29,对 11 月前的 10 个月的天数求和,再加上 8 即可得 2024 年 11 月 8 日是 2024 年的第 313 天。

程序代码如下:

```
lst = input("请输入年月日以-分隔:").split('-')
y,m,d = map(int, lst)
days = [31,28,31,30,31,30,31,31,30,31,30,31]
if (y % 400 == 0) or (y % 4 == 0 and y % 100 != 0):
    days[1] = 29
sum_day = sum(days[0:m-1]) + d
print(f'{y}年{m}月{d}日是{y}年第{sum_day}天')
```

代码运行结果:

```
请输入年月日以-分隔:2024-11-8
2024 年 11 月 8 日是 2024 年第 313 天
```

程序说明:

(1) split()函数用于分隔字符串,根据指定的分隔符将字符串分隔成子串,然后将结果

作为列表返回。例如,'2024-11-8'. split('-')的结果为['2024', '11', '8']。

(2) map()函数。

```
map(function, iterable, …)
```

该函数对序列中的每一个元素调用 function()函数,返回 map 对象实例。map(int, lst)将列表 lst 的元素依次调用 int()函数转换为整数,分别赋值给 y,m,d。

(3) 将普通年每个月的天数用列表存储 days = [31,28,31,30,31,30,31,31,30,31,30,31],如果是闰年则修改 2 月份的天数,days[1]=29。

(4) 利用切片操作 days[0:m-1],截取列表 days 中的前 m-1 个月的天数,再求和。

4.1.4 列表推导式

列表推导式是 Python 中的一种语法,用于简化表达式的创建和过滤过程。它可以通过一个简单的语法规则来创建一个列表。使用列表推导式,可以在一行代码中创建一个列表,而无须使用 for 循环,从而使代码更加简洁和易读。

```
[expression for item in iterable]
```

其中,expression 指的是表达式,item 指的是要进行迭代的变量,而 iterable 则指的是进行迭代的对象,如列表、元组、字典、字符串等。

```
# 创建一个包含 1~10 的平方的列表
squares = [ x**2  for  x  in  range(1,11) ]
print(squares)                    # 输出[1, 4, 9, 16, 25, 36, 49, 64, 81, 100]
```

列表推导式也可以带条件来过滤生成的元素,其形式为:

```
[expression for item in iterable if condition]
```

其中,condition 指的是一个判断条件,只有当该条件为 True 时,才会返回对应的 expression。

例如,要将 1~10 的平方中小于 50 的数字筛选出来,可以使用以下带条件的列表推导式。

```
squares = [x**2  for x  in  range(1,11)  if  x**2 < 50]
print(squares)                    # 输出[1, 4, 9, 16, 25, 36, 49]
```

下面的代码输出结果都是[1, 4, 9, 16, 25, 36, 49, 64, 81, 100]。列表推导式的执行速度通常比 for 循环要快,这是因为列表推导式是在 Python 的内部实现中进行优化的。

```
squares = [ ]                                squares = [ i**2 for i in range(1,11)]
for i in range(1,11):                        print(squares)
    squares.append(i**2)
print(squares)
```

列表推导式对于生成大量的可遍历数据非常有效,可以大大提高程序对内存的使用效率。

【**例 4.2**】 编写程序输出所有的水仙花数。

程序代码如下：

```
for n in range(100,1000):        # 逐一遍历所有 3 位数
    s = 0                        # 累加初值为 0
    for i in str(n):             # 转换为字符串进行遍历,i 字符
        s = s + int(i) ** 3      # i 转换为整数,计算 3 次幂累加
    if s == n:                   # 若累加和与 n 值相同
        print(n,end = '\t')
```

代码运行结果：

```
153    370    371    407
```

程序中对 n 中每位上数字的 3 次幂求和使用了 3 条语句,判断是否相等使用了 1 条语句,这 4 条语句可以用列表推导式简化为一条语句实现：

```
sum([int(i) ** 3 for i in str(n)])
```

列表推导式 sum([int(i) ** 3 for i in str(n)])得到的是数字 n 转换为字符串后,每位上的字符转换为数字后的 3 次幂的列表,sum()函数可以对列表元素求和。

```
for n in range(100, 1000):
    if n == sum([int(i) ** 3 for i in str(n)]):
        print(n, end = '\t')
```

4.1.5 列表的排序

Python 提供了多种排序方法,可以适用于不同的排序需求。

1. sort()方法

```
lst.sort( * , key = None, reverse = False)
```

sort()方法可以在原地对列表 lst 进行排序,而不会创建新的列表。默认规则是直接比较元素大小。 * 本身不是参数,它表示后面的参数为关键字参数。参数 reverse 默认值为 False,为升序排序；当设置参数 reverse=True 时,为降序排序。排序后,列表 lst 中的元素变为一个有序序列。

【**例 4.3**】 利用 sort()方法对姓名和成绩进行排序。

程序代码如下：

```
names = ['jack','mary','tom','dorothy','peter']
names.sort()
print(names)
names.sort(key = len)
print("sort by len:",names)
scores = [82,66,66,93,24,15,77.8]
scores.sort(reverse = True)
print(scores)
```

代码运行结果：

```
['dorothy', 'jack', 'mary', 'peter', 'tom']
sort by len: ['tom', 'jack', 'mary', 'peter', 'dorothy']
[93, 82, 77.8, 66, 66, 24, 15]
```

程序说明：

（1）names.sort()中的sort()方法将列表内的元素按递增（非递减）排序；如果加上参数reverse ＝ True，则按递减（非递增）排序。

（2）字符串间的大小按照字符的Unicode码逐一比较，首先比较第0个字母的Unicode码值，大者胜出，如果相同，则比较第1个字母；按Unicode码比较的结果类似于按字母表顺序比较（如字符串'12'<'6'）。

（3）names.sort(key=len)的key=len参数用于指示sort()方法排序时不直接比较元素的大小，而是应用len()函数对每个元素生成一个键值(key)，按键值的大小比较结果对元素进行排序。从结果中可以看出，排序是以len()返回的字符串长度为基础进行的。其中，'tom'字符串的长度为3，'jack'字符串的长度为4。

（4）sort()方法里的key参数也可以指向一个自定义函数或lambda函数。

2. reverse()方法

lst.reverse()方法的作用是不比较元素大小，直接将列表lst中的元素逆序。

```
names = ['jack','mary','tom','dorothy','peter']    #通过赋值创建元素为字符串的列表names
names.reverse()                                    #将列表元素逆序
print(names)                                       #输出['peter', 'dorothy', 'tom', 'mary', 'jack']
```

sort()和reverse()方法都会导致列表内元素的顺序被改变。如果希望对一个列表排序的同时不改变原列表，可以使用sorted()和reversed()函数来实现，这两个函数将返回排序或逆序后的新列表，同时保持原列表不变。

3. sorted()函数

```
sorted(iterable, *, key = None, reverse = False)
```

该函数根据可迭代对象参数iterable返回一个新的排序后的列表，与sort()方法相同，也支持排序关键字参数key和反转参数reverse。参数星号（＊）是位置参数和命名关键字参数之间的分隔，星号后面为关键字参数，星号本身不是参数，在实际调用时该位置无须传值。它表示后面的key和reverse都是关键字参数。所谓关键字参数就是给关键字参数限定指定的名字，输入其他名字不能识别。凡是关键字参数，在调用时必须带参数名字进行调用，否则会报错。

4. reversed()函数

```
reversed(seq)
```

该函数返回一个将序列seq中元素顺序反转的迭代器对象，如需查看反转结果可以用list()将反转结果转换为列表。

【例 4.4】 sorted()函数和 reversed()函数的用法。

程序代码如下:

```
names =['jack','mary','tom','dorothy','peter']
namesSorted = sorted(names)
namesReversed = reversed(names)
print("names:",names)
print("namesSorted:",namesSorted)
print("Reversed Object:",namesReversed)
print("namesReversed:",list(namesReversed))
```

代码运行结果:

```
names: ['jack', 'mary', 'tom', 'dorothy', 'peter']
namesSorted: ['dorothy', 'jack', 'mary', 'peter', 'tom']
Reversed Object: < list_reverseiterator object at 0x0000016A53670580 >
namesReversed: ['peter', 'dorothy', 'tom', 'mary', 'jack']
```

【例 4.5】 成绩统计分析。

有 10 名学生的 Python 成绩分别为 94,89,96,88,92,86,69,95,78,85,利用列表分析成绩,输出平均值、最高的 3 个成绩和最低的 3 个成绩以及成绩中位数。

【分析】 中位数需要先排序,列表元素数为奇数时,中位数即排序后列表中间的数字;列表元素数为偶数时,中位数为两个数据的算术平均数。原列表数据不需要保留,可使用列表的 sort()方法排序。

程序代码如下:

```
scores = [94,89,96,88,92,86,69,95,78,85]
count = len(scores)                      # 获取成绩个数
scores.sort()                            # 对 scores 列表升序排序
print("平均成绩: ",sum(scores)/count)     # sum(scores)对 scores 求和
print("前 3 名: ",scores[-1:-4:-1])       # 逆序切片获取前 3 名
print("后 3 名: ",scores[0:3])            # 切片获取后 3 名
if count % 2 == 0:                        # 成绩个数为偶数
    median = (scores[count//2 - 1] + scores[count//2])/2
else:                                    # 成绩个数为奇数
    median = scores[count//2]
print("成绩中位数: ",median)
```

代码运行结果:

```
平均成绩: 87.2
前 3 名: [96, 95, 94]
后 3 名: [69, 78, 85]
成绩中位数: 88.5
```

程序说明:代码中用到了序列的通用函数 len()、sum()。

(1) len(lst):返回序列 lst 的元素个数。

(2) sum(lst):返回序列 lst 中所有元素的和。

(3) 利用序列中通用操作、函数和方法,可以解决常见的问题。例如,最大值、最小值等。

max(lst)：返回序列 lst 中最大的元素,要求 lst 中元素是可比较的。

min(lst)：返回序列 lst 中最小的元素,要求 lst 中元素是可比较的。

4.2　元组

元组(tuple)与列表类似,不同之处在于元组的元素不能修改,属于不可变序列。

4.2.1　元组的创建

元组是使用一对圆括号括起、逗号分隔的多个数据项的组合,一般形式如下。

```
元组名 = (数据项 1,数据项 2, …,数据项 n)
```

1. 使用逗号创建元组

使用逗号将多个数据项分隔,可自动创建元组。

```
tp1 = 'Python','Java',2024      #生成一个元组('Python','Java',2024)并赋值给 tp1
tp2 = 5,                        #生成一个元组(5,)并赋值给 tp2
print(tp1)                      #输出('Python', 'Java', 2024)
print(tp2)                      #输出(5,)
```

2. 使用圆括号和逗号创建元组

使用圆括号将多个数据项括起,用逗号分隔,可创建元组。

```
tp1 = ('Python','Java',2024)    #生成一个元组('Python','Java',2024)并赋值给 tp1
tp2 = (5,)                      #生成一个元组(5,)并赋值给 tp2
tp3 = (5,6,7,8)                 #生成一个元组 (5,6,7,8)并赋值给 tp3
print(tp1)                      #输出('Python', 'Java', 2024)
print(tp2)                      #输出(5,)
print(tp3)                      #输出(5,6,7,8)
```

3. 使用 tuple()函数创建元组

使用内置的 tuple()函数,参数为空或 range、列表、字符串等可迭代对象。

```
tp1 = tuple()            #生成一个空元组()并赋值给 tp1
tp2 = tuple(range(5))    #将一个可遍历对象转换为元组(0,1,2,3,4)赋值给 tp2
tp3 = tuple([5,6,7,8])   #将一个列表转换为元组(5,6,7,8)赋值给 tp3
tp4 = tuple('Python')    #将字符串'Python'转换为元组('P', 'y', 't', 'h', 'o', 'n')赋值给 tp4
print(tp1)               #输出()
print(tp2)               #输出(0, 1, 2, 3, 4)
print(tp3)               #输出(5, 6, 7, 8)
print(tp4)               #输出('P', 'y', 't', 'h', 'o', 'n')
```

4.2.2　元组的基本操作

1. 元组的索引和切片

元组继承了序列类型的所有通用操作,可以像列表一样使用下标索引访问元组中特定位置的元素,也可通过切片截取元组中元素。

```
tp1 = ('Python','Java',2024)      #生成一个元组('Python','Java',2024)并赋值给 tp1
print(tp1[0])                     #输出 python
print(tp1[1:3])                   #切片操作,输出('Java', 2024)
```

2. 元组连接

通过"+"操作对元组进行连接组合。

```
tp1 = ('Python','Java')           #生成一个元组('Python','Java')并赋值给 tp1
tp2 = ('C++',2024)                #生成一个元组('C++',2024)并赋值给 tp1
print(tp1 + tp2)                  #连接 tp1 和 tp2,输出('Python', 'Java', 'C++', 2024)
```

3. 修改元组元素

列表属于可变序列,可以随意地修改列表中的元素值以及增加和删除列表元素,而元组属于不可变序列,元组中的数据一旦定义就不允许通过任何方式更改。但当元组的元素包含列表等可变序列时,情况就略有不同。虽然不可直接改变元组元素的值,但是作为元素的列表是可变序列,列表的值是可以修改的。

```
tp = ([1,2],3)                    #tp 为元组([1,2],3)
tp[1] = 5                         #不可修改元组元素的值,触发 TypeError 异常
#返回异常 TypeError: 'tuple' object does not support item assignment
tp[0][0] = 5                      #([5,2],3)列表值改变,元组序号 1 元素仍是列表
print(tp)                         #输出([5, 2], 3)
tp[0].append(6)                   #tp[0]=[5, 2],t[0].append(6)的结果是[5, 2, 6]
print(tp)                         #输出([5, 2, 6], 3)
```

元组 tp 中元素 tp[0]是一个列表[1,2],元素 tp[1]不能直接修改,但列表[1,2]可以修改并支持列表的所有操作。tp[0][0]是索引列表[1,2]中索引为 0 的元素,结果为 1,tp[0][0]=5 的操作相当于将列表[1,2]中的 1 修改为 5。这是针对列表[1,2]的操作,而不是针对元组 tp 的操作。

4. 删除元组

元组没有提供 append()、extend()和 insert()等方法,无法向元组中添加元素;同样,元组也没有 remove()和 pop()方法,也不支持对元组中的元素进行 del 操作,不能从元组中删除元素,只能使用 del 命令删除整个元组。

```
tp = ('Python','Java',2024)
del tp                            #删除元组 tp
print(tp)                         #返回异常 NameError: name 'tp' is not defined
```

5. 遍历元组

通过 for 循环遍历元组。

```
tp = ('Python','Java',2024)
for t in tp:
    print(t)
```

代码运行结果：

```
Python
Java
2024
```

4.2.3　序列解包

序列解包是指将一个序列(如列表、元组、字符串)中的元素分配给多个变量,是非常重要和常用的一个用法,能提高代码的可读性,减少代码输入量。

```
i, j = (5,6)          #元组中的元素按顺序赋值给多个变量
m, n = 7,8            #7,8为元组,元组中的元素按顺序赋值给多个变量
x,y,z = 'pyt'         #字符串中的字符按顺序赋值给多个变量
a,b,c = [1,2,3]       #列表中的元素按顺序赋值给多个变量
```

多变量赋值时,序列长度必须与变量数量一致,否则将引发 ValueError。

```
x,y = 1,2,3           #异常 ValueError: too many values to unpack (expected 2)
a,b,c = (5,6)         #异常 ValueError: not enough values to unpack (expected 3, got 2)
```

序列解包也可用于将在一行内输入的用空格或逗号分隔的字符串根据分隔符分为列表,然后用多变量赋值语句分别赋值给多个变量。

```
name,age = input().split()   #输入 marry  18切分后分别赋值给 name 和 score
print(name)                  #输出 marry
print(age)                   #输出 18
```

序列解包与函数结合使用。

```
def sum_sub(a,b):
    return a + b,a - b       #以元组形式返回 a,b 的和与差
m,n = sum_sub(9,6)           #调用函数
print(m,n)                   #输出 15 3
```

4.3　集　合

同列表类似,集合(set)也是由多个数据项组成的一个整体,但是集合与列表有两个明显的不同。

(1)集合中元素具有互异性,即集合中元素不能重复,利用集合的该特性可实现元素去重。

(2)集合中各元素之间没有先后顺序,集合不能索引,不支持切片等序列操作。

4.3.1　集合的创建

1. 创建空集合

创建空集合只能用 set()函数,"{ }"用来创建空字典。

```
set1 = set()                      # set()函数创建一个空集合
print(type(set1))                 # 输出<class 'set'>
print(set1)                       # 输出 set()表示一个空集合
```

2. 使用 set( )函数创建集合

set( )函数可以将字符串、列表、元组、推导式、迭代器或字典等其他可迭代对象转换为集合。如果原来的数据中存在重复元素,则在转换为集合时只保留一个。

```
set1 = set('hello')               # 将字符串转换为集合,自动去除重复字符
set2 = set(range(6))              # 通过 range()创建集合{0,1,2,3,4,5}
set3 = set([1,2,3,4])             # 将列表转换为集合{1,2,3,4}
set4 = set((5,6,7))               # 将元组转换为集合{5,6,7}
print(set1)                       # 输出{'e', 'h', 'o', 'l'}
print(set2)                       # 输出{0, 1, 2, 3, 4, 5}
print(set3)                       # 输出{1, 2, 3, 4}
print(set4)                       # 输出{5, 6, 7}
```

3. 使用"{ }"创建集合

根据集合定义,用花括号"{ }"将元素括起,元素之间以逗号分隔即可创建一个集合。

```
set5 = {23,14,45,'123'}
print(set5)                       # 输出{'123', 45, 14, 23}
```

4.3.2 成员关系

集合支持存在性测试,可用 x in s 和 x not in s 操作判断数据 x 是否是集合 s 的成员。

```
set5 = {23,14,45,'123'}
print(14 in set5)                 # 输出 True
print(123 in set5)                # 输出 False
print(6 not in set5)              # 输出 True
```

4.3.3 集合运算

集合支持交集(&)、并集(|)、差集(−)以及补集(^)等运算。其操作逻辑与数学中相同,集合的运算如图 4.3 所示。

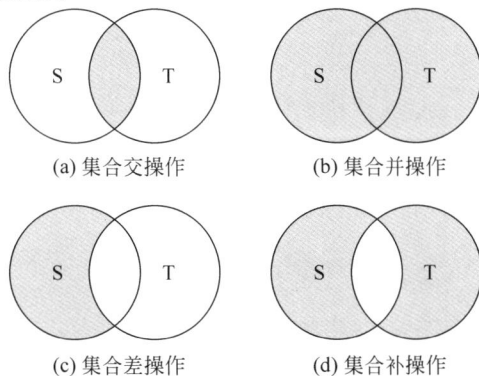

(a) 集合交操作   (b) 集合并操作

(c) 集合差操作   (d) 集合补操作

图 4.3 集合的运算

【例 4.6】 集合的运算。

程序代码如下：

```
S = {'p','y',123}
T = set('pypy123')          # 将字符串转换为集合,自动去除重复字符
print('S:',S)               # 输出 S: {123, 'p', 'y'}
print('T:',T)               # 输出 T: {'p', 'y', '1', '3', '2'}
print('S&T:',S&T)           # 输出 S 和 T 的交集 S&T: {'p', 'y'}
print('S|T:',S|T)           # 输出 S 和 T 的并集 S|T: {'p', 'y', '1', '3', 123, '2'}
print('S - T:',S - T)       # 输出 S 和 T 的差集 S - T: {123}
print('S^T:',S^T)           # 输出 S 和 T 的补集 S^T: {'1', '3', 123, '2'}
```

代码运行结果：

```
S: {123, 'p', 'y'}
T: {'p', 'y', '1', '3', '2'}
S&T: {'p', 'y'}
S|T: {'p', 'y', '1', '3', 123, '2'}
S - T: {123}
S^T: {'1', '3', 123, '2'}
```

4.3.4　集合的函数和方法

1. 增加集合元素

```
set.add(element)
```

集合 set 增加单个元素 element,若添加的元素已经存在,则该元素只出现一次。

```
set1 = set(range(4))        # 通过 range()创建集合{0,1,2,3}
set1.add(6)                 # 将元素 6 增加到集合 set1 中
print(set1)                 # 输出{0, 1, 2, 3, 6}
```

2. 删除集合元素

1) set. remove(element)

指定删除 set 对象中的一个元素,如果集合中没有这个元素,则返回一个错误。

```
set1 = set(range(4))        # 通过 range()创建集合{0,1,2,3}
set1.remove(0)              # 删除元素 0
print(set1)                 # 输出{1, 2, 3}
set1.remove(6)              # 删除不存在元素,返回异常 KeyError: 6
```

2) set. discard(element)

指定删除 set 对象中的一个元素,如果集合中没有这个元素,则不做任何事情。

```
set1 = set(range(4))        # 通过 range()创建集合{0,1,2,3}
set1.discard(0)             # 删除元素 0
print(set1)                 # 输出{1, 2, 3}
set1.discard(6)             # 删除不存在元素 6,不做任何事
print(set1)                 # 输出{1, 2, 3}
```

3）set. pop()

随机删除并返回一个集合中的元素，若集合为空，则返回一个错误。

```
set1 = set(range(4))          # 通过 range()创建集合{0,1,2,3}
result = set1.pop()           # 删除元素,并返回成功删除的元素
print(result , set1)          # 输出 0 {1, 2, 3}
set2 = set()                  # 创建空集合
set2.pop()                    # 返回异常 KeyError: 'pop from an empty set'
```

4）set. clear()

清空 set 集合中的所有元素。

```
set1 = set(range(4))          # 通过 range 创建集合{0,1,2,3}
set1.clear()                  # 清空 set 集合中的所有元素
print(set1)                   # 输出 set()
```

【例 4.7】 奇特的四位数。一个四位数，各位数字互不相同，所有数字之和等于 6，并且这个数是 11 的倍数。满足这种要求的四位数有多少个？各是什么？

【分析】 集合的一个重要特性是元素具有互异性，依据集合的这一特性，可以实现元素去重。可将这个四位数转换为字符串类型再转换为集合，如果各位上有相同数字存在，重复数字会被去掉，则生成的集合长度 len(set(str(i)))必小于 4，只有长度等于 4 的集合，其对应的数中才无重复数字。

程序代码如下：

```
ls = [ ]
for i in range(1000,9999):
    sumi = sum(map(int,str(i)))
    if i % 11 == 0 and sumi == 6 and len(set(str(i))) == 4:
        ls.append(i)
print(len(ls))
print(ls)
```

代码运行结果：

```
6
[1023, 1320, 2013, 2310, 3102, 3201]
```

程序说明：

（1）若表达式 len(set(str(i)))==4 为 True，则四位数字无重复数字。其中，str(i)的作用是将数字 i 转换为字符串，set(str(i))将字符串转换为集合。

（2）map(int,str(i))函数的作用是将字符串 str(i)中的每个数字字符映射为第一个参数指定的整数类型。

（3）表达式 sum(map(int,str(i)))将整数 i 转换为字符串，再将数字字符映射为整数并求和。

4.4 字典

列表是存储和检索数据的有序序列。当访问列表中的元素时，可以通过整数的索引来查找，这个索引就是元素在列表中的序号。在现实生活中，我们经常需要通过一些信息来查

询相关的更多信息,例如,在检索学生或员工信息时,需要基于学号或工号进行查找,而不是信息存储的序号。根据一个信息查找另一个信息的方式构成了"键值对",它表示索引用的键和对应的值构成的成对关系,即通过一个特定的键(学号)来访问(学生信息)。实际应用中有很多"键值对"的例子,例如,姓名和电话号码、学号和成绩、国家名称和首都等。由于键不是序号,因此无法使用列表类型进行有效存储和索引。

通过任意键信息查找一组数据中值信息的过程叫映射,Python语言中通过字典实现映射。Python语言中的字典可以通过花括号"{ }"建立,形式如下。

```
{key1:value1, key2:value2, key3:value3,…, keyn:valuen}
```

字典的键与值之间用冒号":"隔开,项与项之间用逗号","隔开。

字典具有如下特性。

(1)字典中的键值对没有先后顺序的概念。

(2)字典中的键(key)不可重复,必须是字典中独一无二的数据。键必须使用不可变数据类型的数据,如字符串、整型、浮点型、元组等,不可以使用列表和集合等可变类型数据。

(3)值可以是任意类型的数据,可以不唯一,可以修改。

4.4.1 字典的创建

可以根据定义创建字典,也可以通过dict()函数创建字典。

1. 根据定义创建字典

由"{}"括起多个键值对,键值对之间以","分隔,语法格式为:

```
dict = {key1:value1,key2:value2,…}
stu = {'name': '张三', 'age': 28}
#第一个键为'name'值为字符串'张三',第二个键为'age'值为整数28
print(stu)                    #输出{'name': '张三', 'age': 28}
```

只使用花括号,可以创建一个空的字典。

```
a = { }                      #创建空字典
print(type(a),a)             #输出a的类型和值<class 'dict'> {}
```

2. 使用dict()函数创建字典

【例4.8】 通过dict()函数创建字典。

程序代码如下:

```
#给键名赋值(创建映射),创建字典,键名不加引号
stu1 = dict(name = '张三',age = 28)
#可迭代对象方式来构造字典:通过包含两个元素(键和值)的序列创建字典
stu2 = dict([('name','张三'),('age',28)])            #这里用元组/列表
#通过zip()把对应元素打包成元组创建字典
stu3 = dict(zip(["name", "age"], ["张三", 28]))
#创建空字典
a = dict()
print("stu1:",stu1)
```

```
print("stu2:",stu2)
print("stu3:",stu3)
print("a:",a)
```

代码运行结果：

```
stu1: {'name': '张三', 'age': 28}
stu2: {'name': '张三', 'age': 28}
stu3: {'name': '张三', 'age': 28}
a: {}
```

3. 利用 for 循环和 zip() 函数创建字典

【例 4.9】 利用 for 循环和 zip() 函数创建字典。

程序代码如下：

```
stu = {}
stu_id = ['202401','202402','202403']
stu_name = ['李菲','浩然','一诺']
for k,v in zip(stu_id,stu_name):
    stu[k] = v
print(stu)
```

代码运行结果：

```
{'202401': '李菲', '202402': '浩然', '202403': '一诺'}
```

4.4.2 字典的基本操作

1. 获取字典值

与列表或元组使用索引获取值的方式不同,只要知道字典的键,就能读取对应的值。

1)使用方括号"[ ]"

```
dict[key]
```

通过键 key 返回字典 dict 中与该键对应的值。当该键在字典中不存在时触发 KeyError 异常。如果读取到的是列表或元组,就可以使用读取列表或元组的方式取出对应的数据。

2)使用 get()方法

使用方括号取值时,如果没有对应的键,就会发生错误,如果要避免这种情况,就可以使用 get()方法来取值。

```
dict.get(key,default = None)
```

其中,dict 代表指定字典,参数 key 代表要查找的键,default 表示若指定的键不存在返回的默认值。如果键 key 在字典 dict 中,则返回 key 对应的值;如果 key 不在字典 dict 中,则返回默认值。

```
stu = {'name': '张三', 'age': 28}
print(stu['age'])                    #获取键'age'对应的值,输出 28
print(stu.get('age'))                #获取键'age'对应的值,输出 28
#print(stu['gender'])                #字典 stu 中不存在'gender'键,返回 KeyError: 'gender'
print(stu.get('gender','男'))        #字典 stu 中不存在'gender'键,返回默认值'男'
```

2. 修改字典值

字典是一种可变的数据类型,支持数据元素的修改、增加和删除操作。

1) 元素的修改

```
dict[key] = value
```

当键名 key 在字典 dict 中存在时,可以使用 dict[key]=value 方法,将 value 值作为字典 dict 中键 key 对应的新值。

```
stu = {'name': '张三', 'age': 28}
stu['age'] = 29                      #修改'age'的值为 29
print(stu['age'])                    #输出: 29
```

2) 元素的增加

```
dict[newkey] = newvalue
```

当键名 newkey 在字典中不存在时,直接给字典 dict 添加一个新的键 newkey,并赋值为 newvalue。

```
stu = {'name': '张三', 'age': 28}
stu['gender'] = '男'                 #新增元素: 'gender': '男'
print(stu)                           #输出{'name': '张三', 'age': 28, 'gender': '男'}
```

3) 删除字典元素

删除字典数据有三种方法,包括删除个别的键值、清空整个字典或将整个字典移除。

(1) del 命令。

```
del dict[key]
```

使用 del dict[key]可以删除字典中指定的键值,如果使用 del dict,则会将整个字典删除。

```
stu = {'name': '张三', 'age': 28}
del stu['name']
print(stu)                           #输出{'age': 28}
del stu                              #删除整个字典
print(stu)                           #返回 NameError: name 'stu' is not defined
```

从上面代码可以看出,删除了键为 name 的字典 stu,只剩下 age 一个键,不过如果删除了整个字典 stu,读取 stu 时就会触发 NameError 异常。

(2) pop()。

```
dict.pop(key[,default])
```

pop()方法返回字典 dict 中键 key 对应的值,并将键为 key 的键值对元素删除;如果提供了 default 值,dict 中不存在 key 键时返回 default,否则将会触发 KeyValue 异常。

```
stu = {'name': '张三', 'age': 28}
n = stu.pop('name')
print(n,stu)                          #输出张三 {'age': 28}
print(stu.pop('gender','该值不存在'))   #输出该值不存在
print(stu.pop('score'))               #删除不存在的键 score,触发异常 KeyError: 'score'
```

(3) clear()。

```
dict.clear()
```

使用 dict. clear()可以将字典 dict 中所有键值对删除,变成一个空的字典。

```
stu = {'name': '张三', 'age': 28}
stu.clear()                           #清空字典 stu 的所有元素
print(stu)                            #输出{}
```

3. 遍历字典元素

如果想查看字典中的键、值、键值对,可以使用 keys()方法、values()方法和 items()方法,具体用法如表 4.2 所示。

表 4.2　键值获取方法

方　　法	描　　述
dict. keys()	获取字典 dict 中的所有键,组成一个可迭代数据对象
dict. values()	获取字典 dict 中的所有值,组成一个可迭代数据对象
dict. items()	获取字典 dict 中的所有键值对,两两组成元组,形成一个可迭代数据对象

这三种方法返回值都是可迭代数据对象,可对其进行遍历或用 list()将其转换为列表,再查看其中的数据。

```
stu = {'name': '张三', 'age': 28}
print(stu.keys())              #返回可迭代对象 dict_keys(['name', 'age'])
print(list(stu.keys()))        #将可迭代对象转换为列表['name', 'age']
print(stu.values())            #dict_values(['张三', 28])
print(stu.items())             #dict_items([('name', '张三'), ('age', 28)])
```

结合 for 循坏遍历字典的键值对元素。

```
stu = {'name': '张三', 'age': 28}
for k in stu.keys():
    print(k,stu[k])
for k,v in stu.items():
    print(k,v)
```

代码运行结果:

```
name 张三
age 28
name 张三
age 28
```

4. 更新字典

update()方法用于把一个字典中的键值对更新到另一个字典中。

```
dict1.update(dict2)
```

将 dict2 中键值对添加到字典 dict1 中,该方法没有返回值。

```
stu1 = {'name': '张三', 'age': 28}
stu2 = {'gender':'男'}
stu1.update(stu2)              #将 stu2 中键值对添加到字典 stu1 中
print("stu1:",stu1)
print("stu2:",stu2)
```

代码运行结果:

```
stu1: {'name': '张三', 'age': 28, 'gender': '男'}
stu2: {'gender': '男'}
```

5. 复制字典

copy()方法生成一个具有相同键值对的新字典。

```
dict.copy()
```

返回一个与字典 dict 具有相同键值对的新字典。

```
stu1 = {'name': '张三', 'age': 28}
stu2 = stu1.copy()
print("stu2:",stu2)
```

代码运行结果:

```
stu2: {'name': '张三', 'age': 28}
```

4.4.3　字典的应用

【例 4.10】　食物的热量。已知以下食物每 100g 的热量如表 4.3 所示。

表 4.3　食物的热量

食　　物	热量/卡路里	食　　物	热量/卡路里
小米粥	45	瘦猪肉	143
粗粮馒头	223	鸡翅	194
全麦面包	235	培根	181
米饭	120	火腿肠	212

编写程序保存该数据,并完成如下操作。

(1) 增加"苹果",热量为 52 卡路里。

(2) 修改"米饭",热量为 122 卡路里。

(3) 依次显示所有食物的热量,显示格式如"我吃了二两小米粥增加了 45 卡路里"。

（4）设计一个"你想知道哪种食物的卡路里？"系统，系统运行时用户输入要查询的食物名称，系统显示该食物对应的热量，如果用户输入了不存在的食物，则系统提示"没有该食物的数据！"，不输入任何食物表示查询结束。

【分析】　需要同时存储食物和热量，可选择字典。借助字典的基本操作、函数和方法可完成本例中的各项操作。

程序代码如下：

```
food_cal = {}
f = ['小米粥', '粗粮馒头', '全麦面包', '米饭','瘦猪肉', '鸡翅', '培根', '火腿肠']
cal = [45, 223, 235,120, 143, 194, 181,212]
for k,v in zip(f, cal):
    food_cal[k] = v
food_cal['苹果'] = 52
food_cal['米饭'] = 122
for k ,v in food_cal.items():
    print('我吃了二两{},增加了{}卡路里。'.format(k,v))
food = input('你想知道哪种食物的热量?')
while food:
    print(food_cal.get(food,'没有该食物的数据'))
    food = input('你想知道哪种食物的热量?')
```

代码运行结果：

```
我吃了二两小米粥,增加了45卡路里。
我吃了二两粗粮馒头,增加了223卡路里。
我吃了二两全麦面包,增加了235卡路里。
我吃了二两米饭,增加了122卡路里。
我吃了二两瘦猪肉,增加了143卡路里。
我吃了二两鸡翅,增加了194卡路里。
我吃了二两培根,增加了181卡路里。
我吃了二两火腿肠,增加了212卡路里。
我吃了二两苹果,增加了52卡路里。
你想知道哪种食物的热量?苹果
52
你想知道哪种食物的热量?米饭
122
你想知道哪种食物的热量?香蕉
没有该食物的数据
你想知道哪种食物的热量?
```

【例 4.11】　姓氏人数统计。

给定一组姓名，统计各姓氏的人数，并按照人数降序排序输出结果。为了简单起见，约定姓名的第一个字为姓氏。

【分析】　本编程任务适合利用 Python 的字典数据类型来实现。姓氏作为键，该姓氏的人数作为与该键对应的值。

程序代码如下：

```
#获得用户输入的姓名并存放到变量 names 中
names = input().split()
#初始化 name_dict 为空字典,用来统计每个姓氏人数的字典
```

```
name_dict = {}
'''
for 循环结构对输入的姓名逐个进行处理,统计每个姓氏的人数,结果存放在
字典 name_dict 中
'''
for name in names:
#获得姓名字符串中的第 1 个字符,即为该姓名中的姓氏
    surname = name[0]
    if surname in name_dict:
        name_dict[surname] += 1
    else:
        name_dict[surname] = 1
lt = list(name_dict.items())
lt.sort(key = lambda x:x[1], reverse = True)
for k, v in lt:
    print(f'{k}:{v}')
```

输入:

王方 张明 李源源 李兵 姚东生 张君 张彤彤

代码运行结果:

```
张:3
李:2
王:1
姚:1
```

程序说明:

(1) if 分支结构。

```
if surname in name_dict:
    name_dict[surname] += 1
else:
    name_dict[surname] = 1
```

其作用是先判断某姓氏作为键的元素是否在字典中已经存在,若存在,则将该姓氏原有的次数读出来,增加 1,再存回去;否则,创建一个新键值对,其键为该姓氏,对应的值为 1,即该姓氏出现的次数为 1 次,是首次出现。

该代码可以用字典的 get()方法实现。

```
name_dict[surname] = name_dict.get(surname, 0) + 1
```

(2) 由于字典类型没有顺序,需要将其转换为有顺序的列表类型,再使用 sort()方法和 lambda 函数实现姓氏人数的排序。

本章小结

本章学习了组合数据类型中的列表、元组、集合和字典的基本操作及典型应用。组合数据类型之间的异同如表 4.4 所示。

表 4.4　组合数据类型之间的异同

数 据 结 构	列表(list)[]	元组(tuple)()	字典(dict){}	集合(set){}
是否有次序	是	是	否	否
是否能重复	是	是	否(键不能重复)	否
是否可变	是	否	是	是
典型用途	一组数据	简单几个量	实体或统计	去重复
取值,切片	a[i] a[0:10:2]	同列表	d[key]	不能
增加元素	a.append(n)	不能增加	d[key]=value	.add(n)
删除元素	del a[2]	不能删除	del d[key]	.remove(n)
修改元素	a[2]=100	不能修改	d[key]=value	不能
元素是否在其中	100 in a	同列表	key in d	同列表
遍历	for n in a for i in range(len(a))	同列表	for k in d for k,v in d.items()	for k in s

习题

一、思考题

1. 已知列表 lst=[4,3],请在元素 3 的前面添加元素 2。

2. 已知列表 lst=[4,3],只用一条语句在该列表中添加元素 2 和 3。

3. 写出删除列表元素的两种方法。

4. 已知 a=3,b=2,只用一条语句将 a 和 b 的值互换。

5. 集合的基本用途是什么?

6. 已知集合 st1={1,3},st2={3,2},写出 st1 和 st2 的交集、并集、差集和补集。

7. 使用两种方法,将列表 lst=[1,5,2]中的元素降序排列。

8. 已知字典 dt={'b':3,'c':2},怎样得到该字典的键组成的列表?

9. 阿凡提与国王比赛下棋,国王说要是自己输了的话阿凡提想要什么他都可以拿得出来。阿凡提说那就要点米吧,棋盘一共 64 个小格子,在第一个格子里放 1 粒米,第二个格子里放 2 粒米,第三个格子里放 4 粒米,第四个格子里放 8 粒米,以此类推,后面每个格了里的米都是前一个格子里的 2 倍,一直把 64 个格子都放满。需要多少粒米呢? 请使用列表推导式及 sum()函数来实现。

二、编程题

1. 从键盘输入 10 个 0~100 的数字,模拟生成某班 10 位同学的 Python 期末成绩,保存在列表 std_score 中。编写程序完成如下操作。

(1)输出所有学生成绩。

(2)输出班级最高分和最低分。

(3)输出 90 分以上的成绩。

(4)输出不及格的人数。

(5)输出前三名学生的成绩。

2. 给定某次考试后的若干学生成绩 94,89,96,88,92,86,69,95,78,85,编写程序,将成绩按从小到大的顺序排序。

3. 从键盘输入一串数字,计算不重复的数字的乘积。例如,输入231234,不重复的数字为1,2,3,4,乘积为 $1*2*3*4=24$。

4. 输入一个非空字符串,去除重复的字符后,按从小到大排序输出为一个新字符串。

5. 用户登录系统时需要首先输入账号,如果账号不存在,则输出"用户名不存在!"并结束程序;账号正确时,再输入密码,验证账号密码与已给定的账号密码是否一致,如果一致,则输出"登录成功!",否则输出"密码错误!"以及剩余尝试次数。总尝试次数为3次,如果3次均输入错误,则输出"登录失败"。给定账号及密码如下:

账号	密码
li	123456
zhang	666666
wang	777777

6. 输入一个字符串,统计每个字母出现的次数(字母不区分大小写),并按照字母出现的次数降序输出。例如:

输入:

```
hello world
```

输出:

```
l:3
o:2
h:1
e:1
w:1
r:1
d:1
```

第5章

函　数

【本章导读】

数学中的函数 y＝f(x) 可以实现某种数据运算功能,例如 y＝sin(x) 用来计算自变量 x 的正弦值 y。程序设计中也有函数的概念。程序中的函数是可以实现某个特定功能的小程序块(block)。每当程序需要实现该特定功能时,只需要调用事先写好的函数,不必每次重复编写相同功能的代码。当需要改变函数功能时,只需要修改函数中的代码,则程序中所有调用该函数的地方都会同步修改。

【本章主要内容】

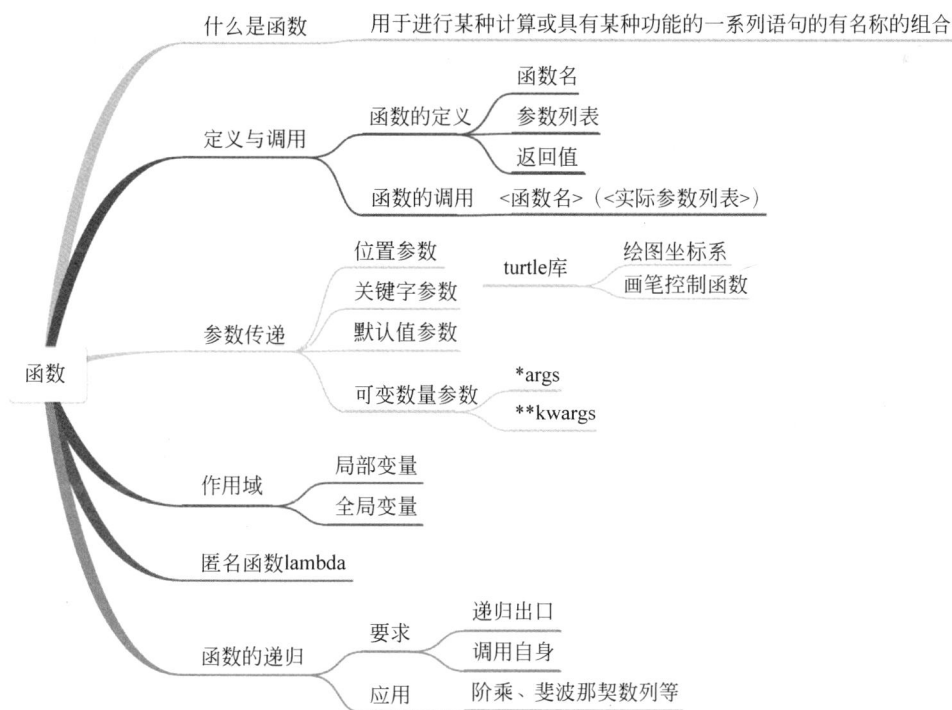

5.1　函数的定义和调用

Python 程序不需要 main()函数就可以运行,对于一些简单的、小规模的程序,通常不需要定义函数就可以实现所有功能。但当问题复杂性提高后,若把所有代码都写在一起,其编码实现、阅读和维护将会变得非常困难。针对复杂问题的程序设计,一般的方法是先把问题分解为若干子问题,再将每个子问题编写成一个函数,以降低编程难度,提高程序的可读性、可重用性。

在程序设计中,函数是指用于进行某种计算或具有某种功能的一系列语句的有名称的组合。定义函数时,需要明确指定函数名称、可接受的参数以及实现函数功能的程序语句。完成函数定义后,可以通过函数名称调用该函数。例如,系统内置函数 input()、print()等,这些函数把输入、输出等功能语句封装,以函数的形式提供给用户使用。用户在用到这些功能时,不需要再重复编写代码来实现,直接通过函数的调用和参数的传递来实现相关的功能。

在实际的程序设计过程中,有很多操作是完全相同或非常相似的,可以由一段代码来实现。在需要这个功能的地方复制该代码段就可以实现功能的复制。但从程序设计的角度讲,这样直接复制代码段并不明智。大量的重复代码不仅会增加程序的代码行数,也会使程序的逻辑变得更加复杂。解决这个问题的一个有效的方法是设计函数。将可能需要反复执行的代码封装为函数,在需要执行该功能的地方调用该函数,可以实现代码的复用。应用函数的方法也可以保证代码的一致性,对函数的修改可以同时作用到所有调用该函数的位置。

5.1.1　函数的定义

Python 程序中函数的使用要遵循先定义后调用的规则。也就是说函数的调用必须位于函数定义之后,一般的做法是将函数的定义放在程序的开头部分。

函数的定义形式如下。

```
def  <函数名>  (<参数>):
    <函数体>
    return  <返回值列表>
```

(1) def 是关键字,是英文单词 define 的缩写,def 后的空格接函数名,函数名可以是任何有效的 Python 标识符。圆括号和冒号“:”是语法的一部分,不能省略。

(2) 参数是调用该函数时传递给它的值,又称为形式参数(简称形参),可以有零个、一个或多个。当参数个数为 0 时表明函数体内的代码无须外部传入参数就可以执行,当传递多个参数时参数之间用逗号隔开。

(3) 函数体是函数每次被调用时执行的一组语句,由一行或多行语句组成,通过执行语句来实现函数所定义的特定功能。函数体相对于 dcf 关键字要缩进 4 个空格。

(4) 函数定义时希望可以将函数的处理结果返回给调用处进行更进一步的处理,此时可使用 return 语句向外提供该函数的处理结果。函数的返回值语句由 return 关键词开头,返回值没有类型和个数限制。当返回值为多个时,这些值会被作为一个元组中的元素。多个返回值之间逗号隔开。函数没有返回值语句时,例如,用 print()在函数中输出处理结果,或者利用绘图语句直接绘制图形,此时函数返回 None 值。

5.1.2 函数的调用

程序中定义的函数只有在被调用时才运行。定义好的函数可以通过名字来进行调用,Python 函数调用的一般形式如下。

> <函数名>(<实际参数列表>)

调用函数时,实际参数列表中给出要传入函数内部的参数,这类参数称为实际参数,简称实参。调用时传入的参数必须具有确定的值,这些值会被传递给函数定义中的形参,相当于一个赋值的过程。

【例 5.1】 定义求阶乘的函数 fact(),调用 fact()函数,计算并输出组合式 C_{10}^2 的值。

【分析】 数学中的组合式 C_n^m 是从 n 个元素中不重复地选取 m 个元素的一个组合,计算公式为 $C_n^m = \dfrac{n!}{m!(n-m)!}$。从公式可以看出,计算组合数需要多次计算阶乘,因此自定义一个求阶乘的函数 fact(),然后在计算组合数的过程中多次调用求阶乘的函数。fact()函数需要一个参数,求得的阶乘值通过 return 返回。

程序代码如下:

```
def fact(n):
    s = 1
    for i in range(1,n + 1):
        s *= i
    return s
#分别调用 fact()函数,求 10、2 和 8 的阶乘
a = fact(10)
b = fact(2)
c = fact(10 - 2)
print('C(10,2) = ',a//(b * c))
```

代码运行结果:

```
C(10,2) = 45
```

程序说明:

(1) 该程序运行从 a=fact(10)开始,由于调用了 fact()函数,因此转向执行 fact()函数的定义部分,并将实参 10 传递给参数 n,n 的值为 10。

(2) 在函数调用过程中,实参 10 传递给形参 n,经过 for 循环计算得到 s=3 628 800,通过 return 将 s 的值返回,并赋值给 a,数据传递如图 5.1 所示。

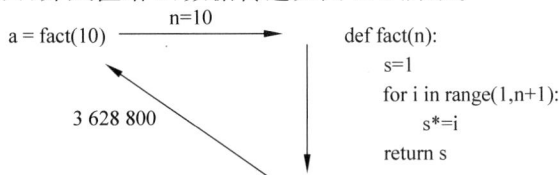

图 5.1 函数的调用过程

（3）同样的调用过程，计算 b＝fact(2)和 c＝fact(10－2)。使用函数降低了编程难度，同时可以多次复用相似代码，提高了代码效率。

5.1.3 文档注释

在代码中添加注释能够方便查看代码功能，提高代码可读性。文档注释是 Python 独有的注释方式，用三双引号括起来的注释语句作为函数里的第一条语句，注释内容可以通过对象的__doc__成员被自动提取，并且被 pydoc 所用。文档注释的内容主要包括该函数的功能、可接受参数的个数和数据类型、返回值的个数和类型等。例如：

```
def add(x,y):
    """
    Calculate the sum of two numbers.
    The numbers could be integer or float.
    """
    return x + y
print(add.__doc__)
```

代码运行结果：

```
Calculate the sum of two numbers.
The numbers could be integer or float.
```

5.2 函数参数

如果是有参函数调用，系统将实参传递给被调函数的形参。参数类型主要有以下 4 种，分别为位置参数、关键字参数、默认值参数和可变数量参数。

5.2.1 位置参数

在函数调用过程中，实参按顺序传递给对应的形参，这种形参也称为位置参数。

【例 5.2】 函数的参数。

```
def introduce(name,city,hobby):
    print(f"我的名字是{name}，来自{city}，爱好是{hobby}。")
introduce("张浩","北京","篮球")
```

在定义 introduce()函数时形参 name、city、hobby 没有值，当调用 introduce()函数时，将"张浩""北京""篮球"分别依次传递给 name、city 和 hobby 参数，输出结果如下：

```
我的名字是张浩，来自北京，爱好是篮球。
```

5.2.2 关键字参数

在函数调用时，提供实参对应的形参名称，根据每个参数的名称传递参数。例如：

```
introduce(city = "北京",name = "张浩",hobby = "篮球")
```

此时,实参的顺序已不再重要,因为实参与形参的对应靠关键字进行区分。这种实参被称为关键字参数。这样做可以增强程序的易读性,参数书写顺序也更加灵活;缺点是增加了函数调用时的代码书写量。

实际上,位置参数和关键字参数还可以混着用,但一定要把位置参数置于关键字参数之前,否则,编译器无法明确知道除关键字以外的参数出现的顺序。

```
introduce("张浩",city = "北京",hobby = "篮球")
```

下面的代码会报 Positional argument after keyword argument 错误。

```
introduce(name = "张浩","北京",hobby = "篮球")
```

5.2.3 默认值参数

在定义函数时,可以使用形如 hobby = "篮球"的方式给形参赋予默认值。在函数调用时,如果该参数得到传入值,按传入值进行计算,否则将使用默认值。这有助于使函数更灵活,因为不必总是提供所有参数的值。例如:

```
def introduce(name,city,hobby = "篮球"):
    print(f"我的名字是{name},来自{city},爱好是{hobby}。")
introduce("张浩","北京") # 默认值参数可以不传值
introduce("李菲","烟台","唱歌")
```

输出结果如下:

```
我的名字是张浩,来自北京,爱好是篮球。
我的名字是李菲,来自烟台,爱好是唱歌。
```

默认值参数可以有多个,例如:

```
def introduce(name, city = "北京", hobby = "篮球"):
    print(f"我的名字是{name},来自{city},爱好是{hobby}。")
```

当函数的参数有多个时,默认值参数必须在后面。以下代码运行时会报 SyntaxError: non-default argument follows default argument 的错误。

```
def introduce(name,hobby = "篮球",city):          # 默认值参数应该在参数列表最后面
    print(f"我的名字是{name},来自{city},爱好是{hobby}。")
```

5.2.4 可变数量参数

有时,可能希望函数接受可变数量的参数,而不确定参数的数量。在 Python 中,可以使用 * args 和 ** kwargs 来实现这一点。

1. * args

* args 用于传递非关键字可变数量参数,它们以元组的形式传递给函数。

【例 5.3】 可变数量参数。

```
def add( * args):
    result = 0
    for num in args:
        result += num
    return result
s = add(1, 2, 3, 4, 5)
print(s)
```

代码运行结果:

```
15
```

程序说明:

（1）＊args 允许传递任意数量的参数,并将它们收集到一个元组中。

（2）带星号的参数如果不是放在最后,需要使用形参的名称指定后续参数。下面代码中,实参 10 赋值给 x,调用函数 star()中的实参 z 值为 9 与形参 z 对应,实参中剩余的元素组成元组(20,30,40,500)赋值给形参＊y。

```
def star(x, * y,z):
    print(x,y,z)
star(10,20,30,40,50,z = 9)
```

代码运行结果:

```
10 (20, 30, 40, 50) 9
```

2. ＊＊kwargs

＊＊kwargs 用于传递关键字可变数量的参数,它们以字典的形式传递给函数。例如:

```
def person_info(n, ** kwargs):
    print("{: - ^10}".format(n))
    for key, value in kwargs. items():
        print(f"{key}: {value}")
person_info(1,name = "Alice", age = 30, city = "New York")
```

代码运行结果:

```
---- 1 -----
name: Alice
age: 30
city: New York
```

其中,实参 1 赋值给形参 n, ＊＊kwargs 接收多个关键字参数,将它们收集到一个字典中。这些可变数量参数使函数能够处理各种不同参数数量的情况,从而提高了函数的灵活性。

5.3　变量的作用域

变量的作用域就是指变量的有效范围。变量按照作用范围分为两类:全局变量和局部变量。全局变量是在函数外部定义的变量,作用范围是从定义点到程序结束。局部变量为函数内部定义的变量,包含在 def 定义的语句块中,只有在函数内部起作用,当退出函数时变量将被释放。

【例 5.4】 局部变量与全局变量的使用。

```
def func():
    m = 66
    print("m inside func:",m)
    print("n inside func:",n)
m = 1
n = 2
func()
print("m outside func:", m)
print("n outside func:", n)
```

代码运行结果:

```
m inside func: 66
n inside func: 2
m outside func: 1
n outside func: 2
```

程序说明:

(1) m=1 在全局作用域中添加了一个名为 m 的变量并赋值 1;n=2 在全局作用域中添加了一个名为 n 的变量并赋值 2,这两个变量都被称为全局变量。

(2) 函数内部的 m=66 在函数的局部作用域中添加了一个变量并赋值 66,这个变量被称为局部变量。输出结果证明,局部变量的 m 被赋值完全不影响全局变量 m 的值,两者是相互独立的。

(3) 在函数内部访问某个名字时,会先在局部作用域中查找,如果有,则使用局部作用域中的那一个;如果没有,则尝试在全局作用域中找,如本例中的 print("n inside func:", n)。如果全局作用域中仍找不到,则会报错。

(4) 函数的形参也属于局部作用域。

(5) 局部变量依赖创建该变量的函数是否处于活动的状态,函数调用时创建,函数调用结束后销毁该变量并释放内存。例如:

```
def f():
    x = 1 #函数内部定义的局部变量,函数外部不能访问
    print(x)
f()
print(x) #NameError: name 'x' is not defined
```

x 是在函数 f()内部创建的局部变量,只能在函数内部访问,在函数外部访问该变量时会触发 NameError 异常。

在函数内部定义的变量,除非特别声明为全局变量,否则均默认为局部变量。当需要在函数体内声明一个可以在函数体外访问的全局变量时,可以使用 global 关键字来声明变量的作用域为全局。global 的作用就是把局部变量提升为全局变量。例如,将例 5.4 的代码修改如下:

```
def func():
    m = 66
    global  n                    #声明 n 为全局变量
    n = 77                       #函数内定义全局变量会屏蔽函数外的同名变量
    print("m inside func:",m)
    print("n inside func:",n)
m = 1
n = 2
func()
print("m outside func:",m)
print("n outside func:",n)      #调用 func()函数后,n 的值为 77
```

代码运行结果:

```
m inside func: 66
n inside func: 77
m outside func: 1
n outside func: 77
```

在函数的内部,通过 global n 将 n 提升为全局变量,语句 n=77 声明了一个新的变量,屏蔽了函数外的同名变量。在函数调用后,再次访问变量 n 时,访问的是最近在函数内部声明的新全局变量 n,其值为 77。

当全局变量值为列表等可变数据类型,函数内部需要修改变量值时,不需要使用 global 关键字进行声明,直接可以使用。这是因为列表等可变数据类型的值的修改是在内存中进行的,只有显式声明才会重新创建对象。

【例 5.5】 局部变量与全局变量的使用。

```
ls = ["hello","world"]
def f(a):
    ls.append(a)
    return
f("good")
print(ls)
```

代码运行结果:

```
['hello', 'world', 'good']
```

程序说明:在本例中,首先创建一个列表 ls,ls 为全局变量。在函数 f()内部没有创建 ls,但是把 ls 当作列表类型使用,追加元素值"good"。这种情况下,函数内部的 ls 就等同于全局变量 ls。调用该函数,将字符串"good"增加到 ls 中,输出结果表示列表 ls 在函数 f()的内部从两个元素增加为三个元素。

5.4 匿名函数

匿名函数是一个没有函数名字的临时使用的函数,在 Python 中使用 lambda 关键字创建匿名函数,通常是在函数式编程中直接使用 lambda 函数。

lambda 函数形式如下。

```
<函数名> = lambda  <参数列表>:<表达式>
```

lambda 函数可以等价替换成 def 定义的函数。冒号":"之前可以有 0 个或多个参数。上面的语句等价于下面的函数定义。

```
def  <函数名>  (参数列表):
    return  <表达式>
```

Python 提供了很多函数式编程的特性,如 sorted()、map()、reduce()、filter()等,这些函数都支持函数作为参数,lambda 函数可以应用在函数式编程中。

sorted()函数的用法如下:

```
sorted(iterable, * ,key = None,reverse = False)
```

其中,sorted()函数中的 key 可以接收函数,包括自定义函数、内置函数和 lambda 函数等,并以函数返回值为排序依据。

【例 5.6】 lambda 函数的使用。

```
ls = [ -5,6, -9,8,1]
#按整数数值升序排序
print(sorted(ls))
#按列表各元素的平方升序排序
print(sorted(ls,key = lambda x:x ** 2))
ls = ['hello', 'i', 'abcd', 'am', 'abc']
#按字符串升序排序
print(sorted(ls))
#按字符长度升序排序
print(sorted(ls,key = lambda x:len(x)))
```

代码运行结果:

```
[ -9, -5, 1, 6, 8]
[1, -5, 6, 8, -9]
['abc', 'abcd', 'am', 'hello', 'i']
['i', 'am', 'abc', 'abcd', 'hello']
```

注意:lambda 函数不需要 return 来返回值,表达式本身的计算结果就是函数的返回值。lambda 的主体是一个表达式,而不是代码块,仅能在表达式中封装有限的逻辑,不允许包含其他复杂的语句,最多只能用于类似条件表达式这样的三元运算。

filter()是一个内置函数,用于从可迭代对象中筛选符合条件的元素,返回一个迭代器。它是函数式编程中常用的工具,它的核心作用是根据指定的条件过滤数据。其用法如下:

```
filter(function, iterable)
```

(1) function:过滤条件的函数。若为 None,则直接使用元素的真值(Truth Value)过滤。

(2) iterable:待处理的可迭代对象(如列表、元组、字符串等)。

（3）filter()函数返回的是一个迭代器，也可以用 * 解包，也可以用 list()函数转换为列表输出。

filter()函数与 lambda 函数结合，可以用一行代码实现把列表[8,3,2,7,9]中的奇数过滤出来的功能。

```
print( list(filter(lambda x:x%2, [8,3,2,7,9])) )
```

输出结果：

```
[3, 7, 9]
```

5.5　函数的递归

递归（recursion）是一种直接或间接调用函数自身的算法，其实质是把问题分解成规模缩小的同类子问题，然后递归调用来表示问题的解。

例如，数学中：
$$5! = 5 \times 4 \times 3 \times 2 \times 1 = 5 \times (4 \times 3 \times 2 \times 1) = 5 \times 4!$$
可以被抽象成：

$$
\begin{cases}
1 & n=1 \\
n! = n(n-1)! & n>1
\end{cases}
$$

求 4 的阶乘与求 5 的阶乘是相同性质的问题，其区别仅在于问题的规模不同（即参数大小不同）。如果我们定义了一个函数 fact(n)可以求出 n 的阶乘，那么理论上，fact(n−1)可以求出 n−1 的阶乘。

阶乘的例子揭示了递归的两个关键特征。

（1）存在一个或多个基例，基例不需要再次递归，它是确定的表达式。例如，当 n=1，n!=1 是已知的值，这就是一种基例，与其他值不存在递归的关系。

（2）计算过程中存在递归链条，如 n!和(n−1)!构成了递归的链条。所有递归链要以一个或多个基例结尾。

递归也叫数学归纳法。

证明当 n 取第一个值 n_1 时，命题成立。

假设当 $n=n_k$ 时，命题成立，证明当 $n=n_{k+1}$ 时命题也成立，递归是数学归纳法思想的编程体现。

在数学中，通过函数自身来定义的函数称为递归函数。如阶乘、斐波那契数列等问题，用递归函数来解决，可以用较少的代码完成。

【例5.7】　定义递归函数，求 n!。

```python
def fact(n):
    print(f"fact ({n}) is called.")
    if n ==1:
        return 1
    return n * fact(n-1)
print("5!=", fact(5))
```

代码运行结果：

```
fact (5) is called.
fact (4) is called.
fact (3) is called.
fact (2) is called.
fact (1) is called.
5!= 120
```

程序说明：

（1）fact()函数内部调用了 fact()函数自身，这是一个递归函数。

（2）如果 n＝1，则直接返回结果 1。此处，称 n＝1 为递归的终止条件或基例，这个终止条件保证了对于合法的 n 值，这个递归函数一定会运行结束。

（3）fact(5)的执行过程可以这样理解：为了求 5 的阶乘，函数调用函数自身求 4 的阶乘，为了求 4 的阶乘，函数调用自身求 3 的阶乘……函数调用自身求 1 的阶乘，1 的阶乘满足终止条件，返回结果 1。得到了 1 的阶乘，fact(2)通过 n＝2 * 1＝2 得到了 2 的阶乘并返回。得到了 2 的阶乘，fact(3)通过 n＝3 * 2＝6 得到了 3 的阶乘并返回……然后得到了 4 的阶乘为 24，fact(5)通过 n＝5 * 24＝120 得到 5 的阶乘，并返回给外部调用者。

（4）在 fact(1)函数被执行时，整个解释器内实际上有 5 个 fact()函数正在执行，分别是 fact(5)→fact(4)→fact(3)→fact(2)→fact(1)。fact(1)执行完毕，返回值到 fact(2)，fact(2)得到 fact(1)的返回值，计算后返回给 fact(3)……最终 fact(5)在得到 fact(4)的返回值后，再将计算结果返回给外部调用者。

有关递归的实现，需要注意以下几点。

（1）递归本身是一个函数，需要使用函数定义的方式描述。

（2）递归的实现需要函数与分支语句。

（3）函数内部采用分支语句对输入参数进行判断。

（4）递归函数必须设置一个出口（终止条件），即不能无限递归。递归深度同时受操作系统栈的深度限制，不同系统环境下支持的最大递归深度不同。在 64 位 Windows 10 环境下，最大递归深度约为 3900 次。

【例 5.8】 汉诺塔。

这是来自印度的古老的传说。有一个地方有三根柱子，如图 5.2 所示，在最左侧的柱子上放了一组圆盘，圆盘有大有小，需要将这组圆盘所形成的塔形状移到三根柱子的最右侧的柱子上，但是在移动的过程中需要有一些规则来约束，即小的圆盘永远放在大的圆盘上面。

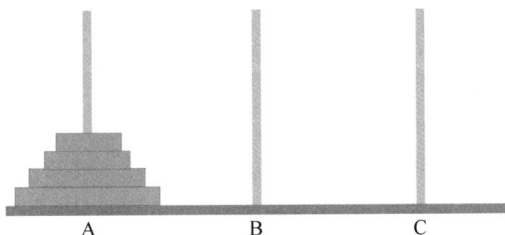

图 5.2　汉诺塔

假设最左侧只有两个圆盘，小的放在大的上面，那么如何将这两个圆盘移到最右侧的柱子上呢？

（1）将小的圆盘移到中间的圆柱。

（2）将大的圆盘移到最右侧的圆柱上。

（3）将中间小的圆盘移到最右侧的圆柱上。

这样就实现了这种塔状的圆盘从左移到右侧，那如何通过递归来实现汉诺塔呢？

汉诺塔的实现过程中，对于给定数量的圆盘，从最左侧移到最右侧需要多少步骤？如何搬运？

初始状态，所有圆盘都放在 A 上面，经过中间柱子 B，最后到达 C。

定义一个函数：hanoi(n,src,dst,mid)，共有 4 个参数，第一个参数 n 是圆盘数量，第二个参数 src 是源柱子，第三个参数 dst 是目标柱子，第四个参数 mid 是过渡柱子。

```python
count = 0
def hanoi(n,src,dst,mid):
    global count
    if n == 1:
        print("{}:{}->{}".format(1,src,dst))
        count += 1
    else:
        hanoi(n-1,src,mid,dst)
        print("{}:{}->{}".format(n,src,dst))
        count += 1
        hanoi(n-1,mid,dst,src)
```

如果当前圆盘只有一个，很容易从源位置移到目标位置，用 print()和 format()输出移动过程。

（1）输出当前圆盘尺寸，是最小圆盘？还是哪一个尺寸的圆盘？

（2）输出从哪个源位置到哪个目标？

为了计算每一次移动圆盘的步骤，首先定义一个全局变量 count，因为递归函数本身也是函数，所以内部的变量是局部变量，每次调用时会被清零；每移动一次就增加 1。

基例：n=1 时，打印移动步骤并计数。

那么递归的链条呢？

假设 n 个圆盘从 A 到 C 的移动步骤如下。

（1）将 A 上 n−1 个圆盘从 A 移到 B。

（2）将 A 中剩下的一个圆盘从 A 移到 C。

（3）将 B 上的 n−1 个圆盘从 B 移到 C。

那么 n−1 个圆盘如何移动呢？

递归的问题只关心递归的链条。当圆盘数量为 n 时，如何拆解为当前 n 与当前 n−1 之间的关系？至于 n−1 暂时先不管。

把 n 个圆盘从 A 移到 C，递归链条：hanoi(n−1,src,mid,dst)。只需：

（1）将 n　1 个圆盘从 A(src)移到 B(mid)，移动过程使用 C(dst)作为过渡。

（2）将剩余的最后 1 个圆盘从 A 移到 C。

（3）将 n−1 个圆盘从中间 B(mid)移到 C(dst)，过程中使用 A(src)作为过渡。所以，通过对递归链条的描述，就能完成汉诺塔的定义。

再看一下函数代码,其实我们并没有一步一步地拆解移动汉诺塔的步骤,只是将递归的链条和递归的基例弄清楚,通过函数加分支结构表达出来,就可以去执行这段程序,并且会告知整个运行的具体结果。

只有三个圆盘的移动过程:假设做一个简单的汉诺塔,只有三个圆盘,从柱子 A 移动到 C,中间过渡的柱子为 B。

```
count = 0
def hanoi(n,src,dst,mid):
    …
hanoi(3,"A","C","B")
print(count)
```

【分析】

(1) 1:A→C ♯将1♯盘从 A 移到 C

(2) 2:A→B ♯将2♯盘从 A 移到 B

(3) 1:C→B ♯将1♯盘从 C 移到 B,通过(1)~(3)三步将1♯、2♯两个盘从 A 移到 B

(4) 3:A→C ♯将3♯盘从 A 移到 C

(5) 1:B→A ♯第(5)和(6)两步将 B 中两个盘从 B 移到 C

(6) 2:B→C

(7) 1:A→C

实现汉诺塔的完整代码:

```
count = 0
def hanoi(n,src,dst,mid):
    global count
    if n == 1:
        print("{}:{}->{}".format(1,src,dst))
        count += 1
    else:
        hanoi(n-1,src,mid,dst)
        print("{}:{}->{}".format(n,src,dst))
        count += 1
        hanoi(n-1,mid,dst,src)
n = int(input("Input n:"))
hanoi(n,"A","C","B")
print(count)
```

代码运行结果:

```
Input n:3
1:A->C
2:A->B
1:C->B
3:A->C
1:B->A
2:B->C
1:A->C
7
```

只有用抽象的方式理解了递归链条的表达关系，才能自如地运用递归的方式来解决所面对的计算问题。

5.6 Python 内置函数

Python 解释器提供了内置函数可以直接使用，通过 dir(__builtins__)命令查看所有的内置函数和内置常量名，其中，大写字母开头的为内置常量名。

```
['ArithmeticError', 'AssertionError', 'AttributeError', 'BaseException', 'BaseExceptionGroup',
'BlockingIOError', 'BrokenPipeError', 'BufferError', 'BytesWarning', 'ChildProcessError',
'ConnectionAbortedError', 'ConnectionError', 'ConnectionRefusedError', 'ConnectionResetError',
'DeprecationWarning', 'EOFError', 'Ellipsis', 'EncodingWarning', 'EnvironmentError', 'Exception',
'ExceptionGroup', 'False', 'FileExistsError', 'FileNotFoundError', 'FloatingPointError',
'FutureWarning', 'GeneratorExit', 'IOError', 'ImportError', 'ImportWarning', 'IndentationError',
'IndexError', 'InterruptedError', 'IsADirectoryError', 'KeyError', 'KeyboardInterrupt',
'LookupError', 'MemoryError', 'ModuleNotFoundError', 'NameError', 'None', 'NotADirectoryError',
'NotImplemented', 'NotImplementedError', 'OSError', 'OverflowError', 'PendingDeprecationWarning',
'PermissionError', 'ProcessLookupError', 'RecursionError', 'ReferenceError', 'ResourceWarning',
'RuntimeError', 'RuntimeWarning', 'StopAsyncIteration', 'StopIteration', 'SyntaxError',
'SyntaxWarning','SystemError', 'SystemExit', 'TabError', 'TimeoutError', 'True', 'TypeError',
'UnboundLocalError', 'UnicodeDecodeError', 'UnicodeEncodeError', 'UnicodeError', 'UnicodeTranslateError',
'UnicodeWarning', 'UserWarning', 'ValueError', 'Warning', 'WindowsError', 'ZeroDivisionError',
'__build_class__', '__debug__', '__doc__', '__import__', '__loader__', '__name__', '__package__',
'__spec__', 'abs', 'aiter', 'all', 'anext', 'any', 'ascii', 'bin', 'bool', 'breakpoint', 'bytearray',
'bytes', 'callable', 'chr', 'classmethod', 'compile', 'complex', 'copyright', 'credits', 'delattr',
'dict', 'dir', 'divmod', 'enumerate', 'eval', 'exec', 'exit', 'filter', 'float', 'format', 'frozenset',
'getattr', 'globals', 'hasattr', 'hash', 'help', 'hex', 'id', 'input', 'int', 'isinstance',
'issubclass', 'iter', 'len', 'license', 'list', 'locals', 'map', 'max', 'memoryview', 'min', 'next',
'object', 'oct', 'open', 'ord', 'pow', 'print', 'property', 'quit', 'range', 'repr', 'reversed',
'round', 'set', 'setattr', 'slice', 'sorted', 'staticmethod', 'str', 'sum', 'super', 'tuple', 'type',
'vars', 'zip']
```

Python 3.9 提供了 69 个内置函数，如下所示。

abs()	delattr()	hash()	memoryview()	set()
all()	dict()	help()	min()	setattr()
any()	dir()	hex()	next()	slice()
ascii()	divmod()	id()	object()	sorted()
bin()	enumerate()	input()	oct()	staticmethod()
bool()	eval()	int()	open()	str()
breakpoint()	exec()	isinstance()	ord()	sum()
bytearray()	filter()	issubclass()	pow()	super()
bytes()	float()	iter()	print()	tuple()
callable()	format()	len()	property()	type()
chr()	frozenset()	list()	range()	vars()
classmethod()	getattr()	locals()	repr()	zip()
compile()	globals()	map()	reversed()	__import__
complex()	hasattr()	max()	round()	

这些函数中的大部分会在本书的各章节出现,本节只介绍几个常用函数。

1. id(object)

id()函数返回括号中对象的内存地址,一个对象的 id 值在解释器中就代表它在内存中的首地址。用 is 判断两个对象是否相同时,依据的就是这个 id 值是否相同。对于字符串、整数等类型,变量的 id 是随着值的改变而改变的。列表等复合类型的对象 id 唯一且不变,但在不重合的生命周期里,可能会出现相同的 id 值。

2. zip(seq[,seq,…])

调用 zip()函数时,可把两个或多个序列中的相应项合并在一起,返回由这些元素组成的可迭代对象,在处理完最短序列中的所有项后就停止。注意,zip()函数不能直接输出组合后的数据,可以通过 list()函数转换为列表再输出。例如:

```
>>> lst1 = [1,2,3]
>>> lst2 = [4,5,6]
>>> lt = zip(lst1,lst2)
>>> print(lt)
< zip object at 0x000002002E1FFE80 >
>>> print(list(lt))
[(1, 4), (2, 5), (3, 6)]
```

3. filter(function,iterable)

调用 filter()函数时,把函数 function 作用于序列 iterable 中的每个元素,然后根据函数返回值是 True 或 False 判断保留还是丢弃该元素,保留返回真值的所有项,过滤掉返回假值的所有项,最后返回一个迭代器对象。如果要转换为列表,则可以使用 list()函数来转换。例如:

```
def is_odd(n):
    return n % 2 == 1
tmplist = filter(is_odd, [1, 2, 3, 4, 5, 6, 7, 8, 9, 10])
print(list(tmplist))
```

代码运行结果:

```
[1, 3, 5, 7, 9]
```

filter()函数中的 function 也可以为匿名函数。

4. map(function,iterable,…)

将传入的函数 function 作用到序列中的每个元素,并将结果组成新的迭代器对象。例如:

```
def f(x):
    return x * x
lt = map(f, [1, 2, 3, 4, 5, 6, 7, 8, 9])
lst = list(lt)
print(lst)
```

代码运行结果：

```
[1, 4, 9, 16, 25, 36, 49, 64, 81]
```

微实践——兔子繁殖问题

斐波那契在《计算之书》中提出了一个有趣的兔子问题：如果有一对小兔，每个月都生下一对小兔，而所生下的每一对小兔在出生后的第三个月也都生下一对小兔，那么，由一对兔子开始，满一年时一共可以繁殖成多少对兔子？

第一个月小兔子没有繁殖能力，所以还是一对；两个月后，生下一对小兔，总共有两对；三个月以后，老兔子又生下一对小兔，因为小兔子还没有繁殖能力，所以一共是三对；……以此类推，可以列出表 5.1 所示的情形。

表 5.1　兔子繁殖

经过月数	0	1	2	3	4	5	6	7	8	9	10	11	12
总体对数	0	1	1	2	3	5	8	13	21	34	55	89	144

表中数字 1,1,2,3,5,8……构成了一个数列。这个数列有一个十分明显的特点：前面相邻两项之和，构成了后一项。斐波那契对上述规律进行总结和形式化，得到关于 n 个月后兔子数量的通项公式如下。

$$F(n) = \begin{cases} 1 & n=1 \\ 1 & n=2 \\ F(n-1)+F(n-2) & n \geqslant 3 \end{cases}$$

程序代码如下：

```
def fib(n):
    if n <= 2:
        return  1
    #最近两项的值,a 为前前项,b 为前项
    a,b = 1,1
    for x in range(3,n+1):
        s = a+b            #新值:前两项之和
        a,b = b,s          #a=b,b=s
    return s
print(fib(10))
```

代码运行结果：

```
55
```

斐波那契数列也可以用递归方法来实现。当 n=1 或 n=2 时，F(n)的值为 1。其他情况下，使用递归，调用自身，得到 F(n-1)和 F(n-2)的和，作为 F(n)的值。代码如下：

```
def fib1(n):
    if n == 1 or n == 2:
        return 1
    else:
```

```
        return fib1(n - 1) + fib(n - 2)
print(fib1(10))
```

数学之美——斐波那契数列的奇妙

（1）自然界中的斐波那契数列。

如果数一朵花的花瓣数，通常会发现总数是斐波那契数列中的一个数。百合花为 3 瓣，梅花为 5 瓣，飞燕草为 8 瓣，万寿菊为 13 瓣，向日葵为 21 或 34 瓣，雏菊有 34、55 和 89 三个数目的花瓣。

观察向日葵中心的种子，会发现它们的种子以两组螺旋的形式排列，一组顺时针转动，另一组逆时针转动，如图 5.3 所示。而这两组螺旋的数量，恰好是相邻的斐波那契数。这种排列方式帮助向日葵以最有效的方式填满空间，使每颗种子都能获得充足的光照。

图 5.3 向日葵

（2）黄金分割。

黄金分割是指将整体一分为二，较大部分与整体部分的比值等于较小部分与较大部分的比值，其比值约为 0.618。这个比例被公认为是最能引起美感的比例，因此被称为黄金分割。计算黄金分割最简单的方法，是计算斐波那契数列 1,1,2,3,5,8,13,21,…… 自第二位起相邻两数之比，即 2/3,3/5,5/8,8/13,13/21…… 的近似值。

黄金分割具有严格的比例性、艺术性、和谐性，蕴藏着丰富的美学价值，被认为是建筑和艺术中最理想的比例，如图 5.4 所示。

图 5.4 黄金分割

5.7　turtle 库的应用

turtle 库是 Python 语言的标准库之一，属于入门级的图形绘制函数库。其绘图原理为：有一只海龟在窗体画布上游走，走过的轨迹形成了绘制的图形。海龟由程序控制，可以自由改变轨迹的颜色、方向和宽度。

5.7.1　绘图坐标体系

1. turtle 库的导入

使用 turtle 库进行绘图时，需要导入 turtle 库，并使用相关函数。

```
import turtle
```

此时，程序可以调用库中的所有函数。

```
turtle.函数名(函数参数)
```

2. 坐标系

画布就是 turtle 绘图窗口，可以设置它的大小和初始位置。例如，用如下代码设置绘图窗口的大小和位置，如图 5.5 所示。

```
turtle.setup(width, height, startx, starty)
```

width：窗口宽度，如果值是整数，则表示像素值；如果值是小数，则表示窗口宽度与屏幕的比例。

height：窗口高度，如果值是整数，则表示像素值；如果值是小数，则表示窗口高度与屏幕的比例。

startx：窗口左侧与屏幕左侧的像素距离，如果值是 None，则窗口位于屏幕水平中央。

starty：窗口顶部与屏幕顶部的像素距离，如果值是 None，则窗口位于屏幕垂直中央。

以绘图窗体中心为原点，水平向右为 X 轴正方向，垂直向上为 Y 轴正方向，建立平面直角坐标系，这就是 turtle 空间坐标体系。在初始状态时，海龟位于 turtle 空间坐标系原点的位置上，行进方向为水平右方。turtle 坐标系示意图如图 5.6 所示。

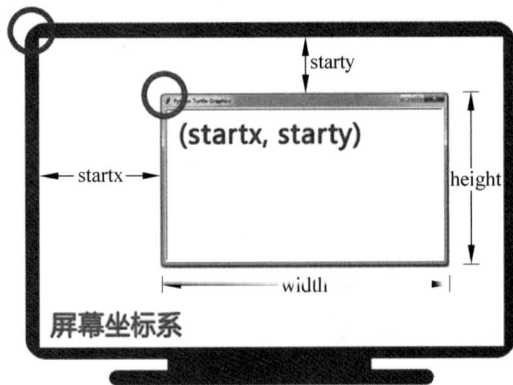

图 5.5　turtle.setup()函数 4 个参数的含义　　　图 5.6　turtle 坐标系示意图

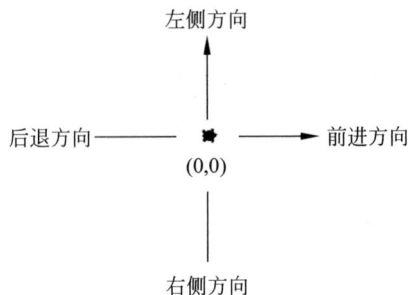

5.7.2 画笔控制函数

turtle 中的画笔(即小海龟)可以通过一组函数来控制。

1. 形状绘制函数

turtle 通过一组函数控制画笔的行进动作:前进、后退、转向等,进而绘制形状,如表5.2所示。

表 5.2 画笔运动函数

函　　　数	说　　　明
forward(d)或 fd(d)	向当前画笔方向移动 d 像素
backward(d)或 bk(d)	向当前画笔相反方向移动 d 像素
right(degree)	degree 为角度值,向右旋转 degree 度
left(degree)	degree 为角度值,向左旋转 degree 度
setheading(degree)或 seth(degree)	将画笔的朝向设置为指定角度
goto(x,y)	将画笔移动到坐标点为(x,y)的位置
circle(r, degree)	绘制一个指定半径 r、角度 degree 的弧形
speed(s)	设置画笔绘制的速度为 s,s 为[0,10]的整数

turtle 库中的角度坐标体系,以正东向为绝对 0°,即小海龟初始爬行方向。角度坐标体系是绝对方向体系,与小海龟爬行的当前方向无关,可以用于改变小海龟前进方向,如图5.7所示。seth(degree)函数中 degree 就是绝对方向角度值;而 right(degree)和 left(degree)函数是相对于海龟的前进方向的右转和左转,degree 是相对方向角度值。

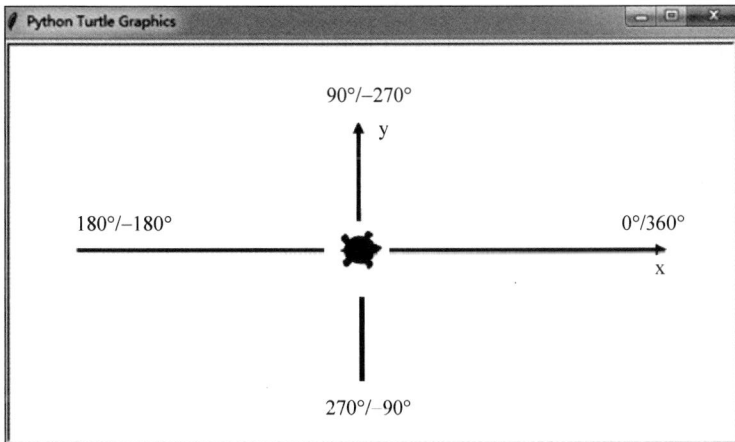

图 5.7 turtle 库的角度坐标系

2. 画笔状态函数

海龟就是一支画笔,可以通过函数设置画笔宽度、颜色、填充等。常用画笔状态函数如表5.3所示。

表 5.3　常用画笔状态函数

函　数	说　明
penup()或 pu()	画笔抬起,意味着当它移动时没有线条会被画出来
pendown()或 pd()	画笔落下,默认绘制
pencolor(*args)	设置画笔颜色,参数可以是颜色字符串或 RGB 的值
pensize(width)	设置画笔宽度为 width
color(color1,color2)	设置画笔颜色 color1 和填充颜色 color2,颜色可以是表示颜色的字符串,例如,"red"、"blue"、"purple"等。
begin_fill()	准备开始填充图形
end_fill()	填充完成
hideturtle()	隐藏画笔的 turtle 形状
showturtle()	显示画笔的 turtle 形状
done()	启动事件循环,必须是图形程序中的最后一条语句

【例 5.9】　编写程序,利用 turtle 库绘制一个如图 5.8 所示的红色五角星。

【分析】　五角星每个角和每条边的形状完全相同,边的夹角都是 36°,可以使用循环控制绘制。画笔首先前进一定距离,然后向右旋转 144°,再前进,再旋转,如此循环,直到完成五条边的绘制,从而形成五角星的外形。

图 5.8　五角星效果图

程序代码:

```
import turtle
turtle.color("red")              #设置画笔颜色为红色
turtle.pensize(3)                #设置画笔宽度为3
for i in range(5):               #循环绘制五角星
    turtle.forward(100)          #向前移动 100 像素
    turtle.right(144)            #向右旋转 144 度
turtle.hideturtle()              #隐藏画笔
turtle.done()                    #显示绘制窗口
```

程序说明:本例中画笔先向前移动 100 像素,再右转 144°,也可以采用其他顺序进行绘制。试着修改画笔的颜色和宽度以及画笔的运动顺序,体会其他方法绘制的过程。

【例 5.10】　绘制如图 5.9 所示的正方形彩色螺旋线。

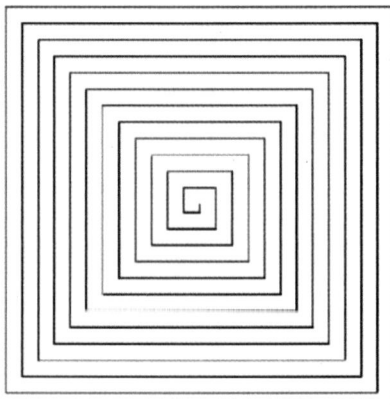

图 5.9　正方形螺旋线效果图

【分析】 在绘制四边形螺旋线时,可以通过控制四条边的长度和旋转角度来实现螺旋线的效果。具体方法:沿着当前方向画一条边,再旋转90°,改变方向;重复上述步骤,直到达到所需的螺旋线形状,注意绘制的边长长度需逐渐增加。

程序代码如下:

```
import turtle
import random
length = 5
times = 50
angle = 90
for i in range(times):
    r,g,b = random.random(),random.random(),random.random()
    turtle.pencolor(r,g,b)
    turtle.forward(length * i)
    turtle.right(angle)
turtle.hideturtle()
turtle.done()
```

程序说明:

(1) pencolor()函数的参数除了颜色字符串以外,也可以是颜色对应的 RGB 数值(红,绿,蓝),RGB 每色取值范围 0~255 的整数或 0~1 的小数,例如,(0.1,0.2,0.5)。

(2) 程序中导入 random 库,利用 random()函数随机生成三个小数 r、g、b,使得每条线段的颜色都是随机生成的。

将上述程序用函数实现,接收参数为每次转角的角度、边长每次递增的长度以及线段迭代的次数。

```
import turtle
import random
def drawgraphic(angle,delta = 5,times = 60):
    for i in range(times):
        r,g,b = random.random(),random.random(), random.random()
        turtle.pencolor(r,g ,b)
        turtle.forward(delta * i)
        turtle.right(angle)
    turtle.hideturtle()
    turtle.done()
```

调用函数,通过调整输入的 3 个参数得到有趣的图形,如表 5.4 所示。

表 5.4 调整参数得到有趣的图形

参 数	图 形
drawgraphic(145,5,74)	

参　　数	图　　形
drawgraphic(120,5,60)	
drawgraphic(74.5,2,104)	
drawgraphic(98,1.5,350)	

【例 5.11】　绘制如图 5.10 所示的同心圆。

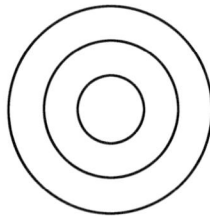

图 5.10　同心圆

【分析】　circle(r, degree)函数的 degree 参数省略时,绘制半径为 r 的圆。

程序代码如下：

```python
import turtle as t
def DrawCctCircle(n):
    t.penup()
    t.goto(0, -n)
    t.pendown()
```

```
    t.circle(n)
for i in range(20,80,20):
    DrawCctCircle(i)
t.hideturtle()
t.done()
```

程序说明：

（1）在 import turtle as t 语句中，t 是 turtle 库的别名。这意味着在 Python 中，可以通过 t 来调用 turtle 库中的所有函数和类，而不需要每次都使用完整的库名 turtle。

（2）自定义函数 DrawCctCircle(n)的功能：先抬起画笔，将画笔定位在（0，−n）点，然后落下画笔，绘制以 n 为半径的圆。

（3）调用 DrawCctCircle()函数，分别绘制半径为 20、40、60 的圆，实现同心圆的效果。

本章小结

本章学习了函数的定义与调用方法，还学习了实参和形参以及 Python 中传递参数的不同方式以及利用 turtle 库绘制图形。

（1）函数是一段具有特定功能的、可重用的代码。函数是功能的抽象。一般来说，每个函数表达特定的功能。函数是带名字的代码块，用于完成具体的工作。要执行函数定义的特定任务，可调用该函数。

（2）匿名函数是一个没有函数名字的临时使用的小函数，用 lambda 创建的匿名函数经常被用作函数的参数传递，例如，作为排序关键字。

（3）递归是指在函数的定义中使用函数自身的方法，把规模大的问题转换为规模小的相似的子问题来解决。递归可求解的问题都可以用循环求解。

（4）turtle 库是 Python 语言的标准库之一，属于入门级的图形绘制函数库。其绘图原理为：有一只海龟在窗体画布上游走，走过的轨迹形成了绘制的图形。

习题

一、思考题

1. 使用函数的优点有哪些？

2. 如何定义带有默认值参数的函数？

3. 如何定义带有可变数量参数的函数？

4. 假如 return 语句同时返回 3 个值，返回值是什么数据类型？

5. 参数的位置传递和关键字参数各有什么优缺点？

6. 什么是全局变量和局部变量？

7. 下面代码的输出结果是什么？

```
f = lambda x,y:y + x
print(f(10,10))
```

8. 下列代码的输出结果是什么？

```
def f2(a):
    if a > 33:
        return True
li = [11, 22, 33, 44, 55]
res = filter(f2, li)
print(list(res))
```

9. 下列代码的输出结果是什么？

```
def f(x, y = 0, z = 0):
    print(x,y,z)
f(1,3)
```

10. 下列代码绘制的图形是什么？

```
import turtle
def drawLine(draw):
    turtle.pendown() if draw else turtle.penup()
    turtle.fd(50)
    turtle.right(90)
drawLine(True)
drawLine(True)
drawLine(True)
drawLine(True)
```

二、编程题

1. 实现 isOdd()函数，参数为整数，如果整数为奇数，则返回 True，否则返回 False。

2. 实现 isNum()函数，参数为一个字符串，如果这个字符串属于整数、浮点数或复数的表示，则返回 True，否则返回 False。

3. 实现 multi()函数，参数个数不限，返回所有参数的乘积。

4. 将素数的判定代码定义为一个函数 is_prime(n)，接收传入的实参整数 n，如果 n 是素数，则返回 True，否则返回 False。在主函数中输入整数 m，通过调用 is_prime(n)函数，输出 2～m 中所有的素数。

5. 编写一个四则运算的程序，要求加、减、乘、除各定义为一个函数来实现。

6. 一只青蛙每次可以跳上 1 级台阶或 2 级台阶，跳上 10 级台阶总共有多少种跳法？利用递归方法实现。

7. 编写程序，利用 turtle 库绘制不同形状的图形。

下篇
Python应用

第6章

文 件 操 作

【本章导读】

　　程序对数据的读取和处理都是在内存中进行的,程序设计结束或关闭后,内存中的这些数据也会随之消失。为了长期保存数据以便重复使用、修改和共享,必须将数据以文件的形式存储到外部存储介质(如磁盘、U盘、光盘或云盘、网盘等)中。

　　文件操作在各类应用软件的开发中均占有重要的地位:管理信息系统是使用数据库来存储数据的,而数据库最终还是要以文件的形式存储到硬盘或其他存储介质上;应用程序的配置信息往往也是使用文件来存储的,图形、图像、音频、视频、可执行文件等也都是以文件的形式存储在磁盘上的。本章将介绍文件操作的基本流程、常用文件的读写方法、OS模块的常用函数等。

【本章主要内容】

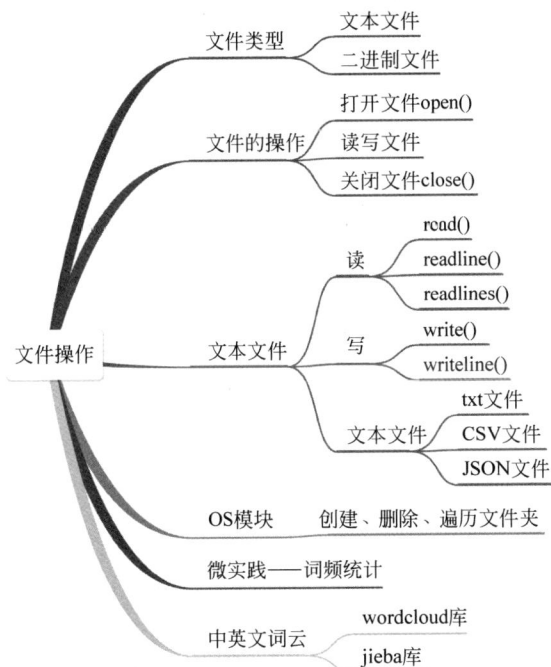

```
                         ┌ 文件类型 ┬ 文本文件
                         │         └ 二进制文件
                         │
                         │ 文件的操作 ┬ 打开文件open()
                         │          ├ 读写文件
                         │          └ 关闭文件close()
                         │
                         │              ┌ 读 ┬ read()
                         │              │    ├ readline()
                         │              │    └ readlines()
文件操作 ────────────────┼ 文本文件 ────┼ 写 ┬ write()
                         │              │    └ writeline()
                         │              │
                         │              └ 文本文件 ┬ txt文件
                         │                        ├ CSV文件
                         │                        └ JSON文件
                         │
                         │ OS模块     创建、删除、遍历文件夹
                         │
                         │ 微实践——词频统计
                         │
                         └ 中英文词云 ┬ wordcloud库
                                     └ jieba库
```

6.1　文件的使用

6.1.1　文件概述

文件是一个存储在辅助存储器上的数据序列,可以包含任何数据内容。概念上,文件是数据的集合和抽象,类似地,函数是程序的集合和抽象。用文件形式组织和表达数据更有效也更为灵活。文件包括两种类型:文本文件和二进制文件。

文本文件一般由单一特定编码的字符组成,如 UTF-8 编码,内容容易统一展示和阅读。大部分文本文件都可以通过文本编辑软件或文字处理软件创建、修改和阅读。由于文本文件存在编码,因此,它也可以被看作存储在磁盘上的长字符串,例如文本文件(txt)、逗号分隔值(CSV)、日志文件(log)、配置文件(ini)等。

二进制文件直接由比特 0 和比特 1 组成,没有统一字符编码,文件内部数据的组织格式与文件用途有关。二进制文件是信息按照非字符但特定格式形成的文件,例如,png 格式的图片文件、avi 格式的视频文件。二进制文件和文本文件最主要的区别在于是否有统一的字符编码。二进制文件由于没有统一的字符编码,只能当作字节流,而不能看作字符串。常见的如图形图像文件、音视频文件、可执行文件、资源文件、各种数据库文件、各类 Office 文档等都属于二进制文件。

无论文件是文本文件还是二进制文件,都可以用文本模式和二进制模式打开,但打开后的操作不同。

【例 6.1】　有一个 UTF-8 编码的文本文件"春晓.txt",内容如下,分别用文本模式和二进制模式读取,并打印输出效果。

```
春眠不觉晓,处处闻啼鸟。
夜来风雨声,花落知多少。
```

程序代码如下:

```
tf = open("春晓.txt","rt",encoding = "UTF - 8")
print(tf.read())
tf.close()
bf = open("春晓.txt","rb")
print(bf.read())
bf.close()
```

代码运行结果:

```
春眠不觉晓,处处闻啼鸟。
夜来风雨声,花落知多少。
b'\xe6\x98\xa5\xe7\x9c\xa0\xe4\xb8\x8d\xe8\xa7\x89\xe6\x99\x93\xef\xbc\x8c\xe5\xa4\x84
\xe5\xa4\x84\xe9\x97\xbb\xe5\x95\xbc\xe9\xb8\x9f\xe3\x80\x82\r\n\xe5\xa4\x9c\xe6\x9d\xa5
\xe9\xa3\x8e\xe9\x9b\xa8\xe5\xa3\xb0\xef\xbc\x8c\xe8\x8a\xb1\xe8\x90\xbd\xe7\x9f\xa5\xe5
\xa4\x9a\xe5\xb0\x91\xe3\x80\x82'
```

程序说明:采用文本模式读入文件,经过编码形成字符串,打印出有意义的字符;采用二进制模式打开文件,文件被解析为字节流。

6.1.2 文件的打开与关闭

不论是文本文件还是二进制文件,文件进行写入或读取操作,一般都可以分为以下三步。

(1) 打开文件并创建文件对象。

(2) 通过文件对象对文件中的内容进行读取或写入等操作。

(3) 关闭并保存文件内容。

1. 文件的打开

Python 通过解释器内置的 open()函数打开一个文件,用于读或写操作,其基本语法如下。

```
open(file, mode = "r", encoding = "UTF - 8")
```

(1) file 参数指定了被打开的文件名称,可以是一个从根目录开始的绝对路径(如"d:\\mypython\\春晓.txt')或相对当前打开文件所在路径(./春晓.txt)的相对路径,当打开的文件与当前程序文件在同一路径下时,可以只用文件名作参数("春晓.txt")。

(2) mode 参数指定了打开文件的模式(包括只读、写入、追加等),具体含义如表 6.1 所示。该参数省略时,默认文件访问模式为只读(r)。

表 6.1 文件的打开模式

文件的打开模式	描 述
'r'	只读模式,默认值,如果文件不存在,则返回异常 FileNotFoundError
'w'	覆盖写模式,文件不存在则创建,存在则完全覆盖
'x'	创建写模式,文件不存在则创建,存在则返回异常 FileExistsError
'a'	追加写模式,文件不存在则创建,存在则在文件最后追加内容
'b'	二进制文件模式
't'	文本文件模式,默认值
'+'	与 r、w、a、x 一起使用,在原功能基础上增加同时读写功能

(3) encoding 参数指定对文本进行编码和解码的方式,只适用于文本文件,可以使用 Python 支持的任何格式如 GBK、UTF-8 等。该参数省略时,表示使用当前操作系统默认编码类型(中文 Windows 10 一般默认为 GBK 编码,macOS 和 Linux 等一般默认为 UTF-8 编码)。当使用二进制模式打开文件时,encoding 参数不可使用。

打开他人提供的文本文件时,要使用正确的编码方式。例如有的文件使用了默认的 GBK 编码,打开时会报错误信息"UnicodeDecodeError:'gbk' codec can't decode byte 0xa7 in position 10: illegal multibyte sequence",此时可以指定文件的编码格式为 UTF-8。

Python 3 推荐使用 UTF-8 编码,创建文本文件时,建议指定 UTF-8 编码,以方便其他用户或程序访问该文件。若想查询某个文本文件编码格式,则可以使用记事本方式打开,通过另存为看到文件的编码格式,如图 6.1 所示。

2. 文件的关闭

文件对象的 f.close()方法用于关闭已打开的文件,例如例 6.1 的 tf.close()。虽然 Python 解释器会在程序结束时自动关闭所有未关闭的文件,但提前关闭不再需要读写的文

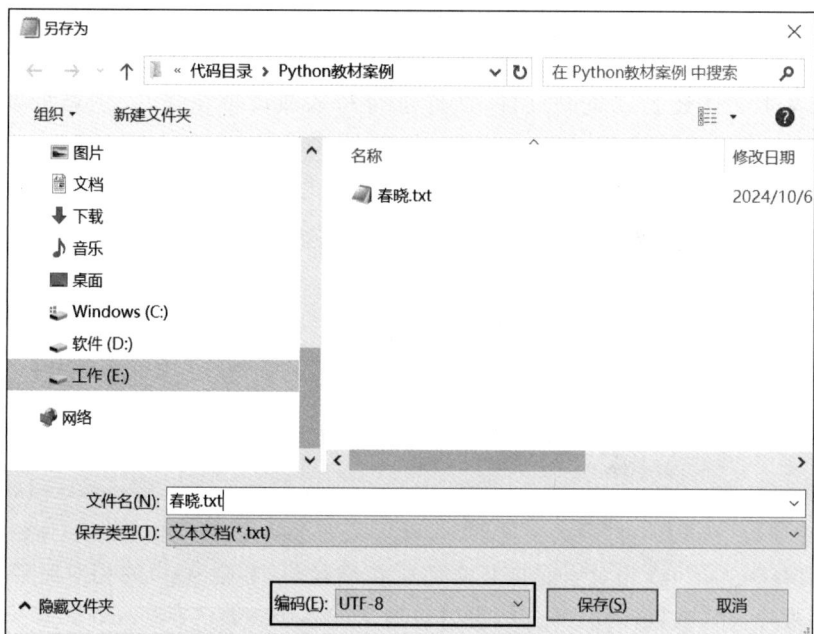

图 6.1　查看或修改文本文件的编码方式

件是个好习惯,这样做的好处有:①减少操作系统 I/O 资源占用;②避免因缓存/意外错误导致文件没有成功写入甚至遭到损坏。所谓缓存是指 Python 解释器或者操作系统会将写入的数据先存放在内存中,待合适的时候再成批写入外存(以前指磁介质硬盘,现在多指固态硬盘)。

在使用过程中,可能因为忘记关闭文件或程序在执行 f. close()语句之前遇到错误,从而导致文件不能正常关闭。为了避免此类问题,在读写文件时可以应用异常处理技术,当捕获到代码异常结束或文件未关闭时,执行 f. close()关闭文件。finally 中的语句不管是否触发异常,都会被执行,所以经常把关闭文件、清理资源之类的操作放在 finally 语句下,以确保无论程序遇到什么问题都会执行关闭文件对象的语句,使文件正常关闭。

在实际开发中,读写文件应优先考虑使用上下文管理语句 with。关键字 with 可以自动管理资源,不管发生什么问题,即使是异常,跳出 with 块,总能保证文件被正确关闭。可以在代码块执行完毕后,自动还原进行该代码块时的上下文。上下文管理语句 with 常用于文件操作、数据库连接、网络通信连接、多线程与多进程同步时的锁对象管理等场合。用于文件内容读写时,with 的语句用法如下。

```
with open (file, mode, encoding) as f:
```

【例 6.2】　使用上下文管理语句 with 修改例 6.1 的关闭文件代码。

```
with open("春晓.txt","rt",encoding = "UTF - 8") as f:
    print(f.read())
with open("春晓.txt","rb") as f:
    print(f.read())
```

注意:用 with 语句的好处就是到达语句末尾时,会自动关闭文件,即便出现异常。

6.2 文件的读写操作

文本文件和二进制文件的读写基本相同,其区别在于文本文件的读写按照字符串方式,二进制文件的读写按照字节流的方式。本节以文本文件为例讲解文件的读写操作。

6.2.1 读取文件

Python 提供了多种读文本文件操作方法,包括 read()、readline()和 readlines(),具体操作方法如表 6.2 所示。

表 6.2 文件读取方法

操作方法	描述
<f>.read(size=−1)	读取文件全部内容,如果给出参数,则读取前 size 长度的字符串或字节流
<f>.readline(size=−1)	读入一行内容,如果给出参数,则读取该行前 size 长度
<f>.readlines(hint=−1)	读取文件所有行,以每行为元素形成列表,如果给出参数,则读取前 hint 行
<f>.tell()	返回文件指针的当前位置
<f>.seek(offset,base)	改变文件指针的位置

1. read()方法

read()方法从文本文件中读取并返回最多 size 个字符,返回的数据类型为字符串。

【例 6.3】 打开文本文件"春晓.txt",读取前 6 个字符并打印输出。

程序代码如下:

```
with open("春晓.txt","rt",encoding = "UTF - 8") as f:
    s = f.read(6)
    print(s)
```

代码运行结果:

```
春眠不觉晓,
```

程序说明:f.read(6)读取前 6 个字符,输出"春眠不觉晓,"。需要注意的是,文本文件中的标点符号和每行末尾的换行符都会各占一个字节,需要计算在 size 内。

2. readline()方法

readline()方法从当前位置开始读取一行数据,然后文件指针移动到下一行开始。当指针已经处于文件末尾时,返回一个空字符串。如果指定了 size,将在当前行读取最多 size 个字符,本行剩余字符少于 size 时,读取到本行结束。

【例 6.4】 打开文本文件"春晓.txt",读取第一行及第二行前 6 个字符。

程序代码如下:

```
with open("春晓.txt","rt",encoding = "UTF - 8") as f:
    s1 = f.readline()
    print(s1)
```

```
    s2 = f.readline(6)
    print(s2)
```

代码运行结果：

春眠不觉晓,处处闻啼鸟。

夜来风雨声,

程序说明：如果要用readline()方法输出完整的文件内容,一般需要结合循环语句来完成。

3. readlines()方法

readlines()方法一次读取文件的所有行,其读取结果以列表的形式返回,文件中的每一行作为列表的一个元素。

【例6.5】 利用readlines()方法一次读取文本文件"春晓.txt"的所有行。

程序代码如下：

```
with open("春晓.txt","rt",encoding = "UTF - 8") as f:
    lst = f.readlines()
    print(lst)
```

代码运行结果：

['春眠不觉晓,处处闻啼鸟。\n', '夜来风雨声,花落知多少。\n']

程序说明：从输出结果可知,文件每行(列表的每个元素)以换行符"\n"结尾。当需要逐行处理文件时,可以将for和readlines()结合使用。例如：

```
with open("春晓.txt","rt",encoding = "UTF - 8") as f:
    for line in f.readlines():
        print(line)
```

4. seek()和tell()方法

文件中有一个指向当前读/写位置的位置指针。打开文件时,文件指针默认位于文件的开始位置,也就是第1字节(或字符)的位置,该位置值为0。每读取(或写入)1字节(或字符),文件指针随之后移1个位置。注意,如果是按照按二进制模式打开,则文件指针移动1字节的位置；如果是按文本文件模式打开,则文件指针移动1个字符的位置。

Python语言提供了一组用于文件读/写的定位方法,如下。

1) tell()方法

语法格式：

```
f.tell()
```

功能：得到f所指向的文件中当前位置指针相对于文件头的位移量。

返回值：获取成功时返回当前读/写的位置。

2) seek()方法

语法格式：

```
f.seek(offset,base)
```

（1）f：表示需要操作的文件对象。

（2）参数 base：位置指针移动的起始点，取值为 0（文件开始）、1（文件当前位置）、2（文件末尾）。

（3）参数 offset：表示位置指针相对于起始点的位移量。若值为正数，则表示向文件结尾的方向移动；若值为负数，则向文件开头的方向移动。

（4）返回值：移动成功时返回 0；失败时返回 EOF（−1）。

例如：

```
f.seek(50,0)          //表示将文件指针从文件头向文件尾方向移动 50 字节
f.seek( − 30,1)       //表示将文件指针从当前位置向文件头方向移动 30 字节
f.seek(30,1)          //表示将文件指针从当前位置向文件尾方向移动 30 字节
f.seek( − 100,2)      //表示将文件指针从文件尾向文件头方向移动 100 字节
```

【说明】 seek()函数一般用于二进制文件，因为文本文件要进行字符转换，所以有时计算的位置会出现混乱或错误。

【例 6.6】 seek()和 tell()的用法。

程序代码如下：

```
with open("春晓.txt","rt",encoding = "UTF − 8") as f:
    print(f.tell())          ♯ 读取文件前,文件指针的值为 0
    print(f.read(1))         ♯ 读文件中的 1 个字符
    print(f.tell())          ♯ 此时文件指针的值为 3
    f.seek(0)                ♯ 将文件指针移到文件开头处
    print(f.read(6))         ♯ 读文件中的 6 个字符
```

代码运行结果：

```
0
春
3
春眠不觉晓,
```

程序说明：在 UTF-8 编码中每个汉字字符占 3 字节。

6.2.2 写入文件

进行文件的写入操作时，使用 open()函数时，要将 mode 参数设置为"w"、"x"、"a"等具有写权限的模式。或用"r+"为以读模式打开的文件增加写权限。

Python 文件对象提供了 write()和 writelines()两个写入数据的方法，可将指定的字符串和以字符串为元素的列表写入文件。文件写入方法如表 6.3 所示。

表 6.3 文件写入方法

方　法	描　　述
＜f＞.write(s)	向文件写入一个字符串或字节流
＜f＞.writelines(lines)	将一个元素全为字符串的列表写入文件

【例 6.7】　利用 write()在"w"模式下写入文本文件"古诗词.txt"；利用 writelines()在"a＋"模式下向"古诗词.txt"追加新内容。

程序代码如下：

```
def write_file(s,fname):
    with open(fname, "w", encoding = "UTF - 8") as f:
        f.write(s)
def writeline_file(lst,fname):
    with open(fname, "a", encoding = "UTF - 8") as f:
        f.writelines(lst)
def read_file(fname):
    with open(fname, "rt", encoding = "UTF - 8") as f:
        print(f.read())
file_name = "古诗词.txt"
sPoem = "《风》\n 解落三秋叶,能开二月花。\n 过江千尺浪,入竹万竿斜。\n"
write_file(sPoem,file_name)
lstPoem = ["《咏柳》\n","碧玉妆成一树高,万条垂下绿丝绦。\n","不知细叶谁裁出,二月春风似剪刀。\n"]
writeline_file(lstPoem,file_name)
read_file(file_name)
```

代码运行结果：

```
《风》
解落三秋叶,能开二月花。
过江千尺浪,入竹万竿斜。
《咏柳》
碧玉妆成一树高,万条垂下绿丝绦。
不知细叶谁裁出,二月春风似剪刀。
```

程序说明：

（1）使用"w"模式时写文件时,若文件不存在,则先创建文件后再打开。若该文件已存在,则先清除该文件中所有内容再写入新数据。

（2）使用"a"模式以追加写数据模式打开文件,若文件不存在,则先创建文件后再打开。若该文件已存在,则新数据追加在现有数据之后,新写入的数据会增加到原文件的末尾。

（3）writelines()方法只是将列表内容直接写入文件,不会自动在每一个元素后面增加换行,因此在创建列表时,需要在换行的位置加入"\n"。

（4）在编程时,可以将不同模式的读写操作定义为不同的函数,将文件名和读写的数据作为传入参数,分别完成不同的读写操作,使程序结构清晰,维护方便。而且,每个读写操作都是独立的,函数调用结束后就马上关闭文件,释放对文件的控制,可以提高程序的性能和安全性。

6.3　文件的应用

6.3.1　CSV 格式文件

逗号分隔值(Comma-Separated Values,CSV)格式文件以纯文本形式存储表格数据。

CSV 格式文件是一个字符序列，由任意数目的记录组成，记录间以某种换行符分隔；每条记录由字段组成，字段间的分隔符是其他字符或字符串，最常见的是逗号或制表符。

　　CSV 格式文件因其格式简单、清晰，大量数据库程序和 Excel 等电子表格程序都支持 CSV，因此在商业和科学上广泛应用，尤其应用在程序之间转移表格数据。该格式的应用有以下一些基本规则。

　　(1) 纯文本格式，通过单一编码表示字符。

　　(2) 以行为单位，开头不留空行，行之间没有空行。

　　(3) 如果包含列名，则位于文件第一行。

　　(4) 以半角英文逗号作为分隔符，列数据为空也要保留逗号。

　　CSV 格式文件一般采用 .csv 为扩展名，可以通过 Windows 平台上的记事本、MS Office Excel 或 WPS 表格工具打开，也可以在其他操作系统平台上用文本编辑工具打开。一般的表格数据处理工具(如 MS Office Excel、WPS 等)都可以将数据另存为或导出为 CSV 格式，用于不同工具间进行数据交换。

　　CSV 格式文件是文本文档，因此对文本进行读写的方法都适用于 CSV 格式文件的数据处理。

　　【例 6.8】　将 score.csv 文件中的数据导入列表，文件内容如下所示：

```
学号,姓名,java,Python,C++
202401,王方,82,78,85
202402,张明,75,59,61
202403,伊诺,79,86,91
202404,李兵,78,80,82
202405,肖遥,84,77,69
202406,浩然,76,71,70
202407,海涛,77,70,81
202408,张君,81,79,83
```

程序代码如下：

```
def readcsv(filename):
    lst = []
    with open(filename, "rt", encoding = 'UTF - 8') as f:
        for line in f:
            line = line.rstrip().split(",")
            lst.append(line)
    return lst
ls = readcsv("score.csv")
print(ls)
```

代码运行结果：

```
[['学号', '姓名', 'Java', 'Python', 'C++'],
['202401', '王方', '82', '78', '85'],
['202402', '张明', '75', '59', '61'],
['202403', '伊诺', '79', '86', '91'],
['202404', '李兵', '78', '80', '82'],
['202405', '肖遥', '84', '77', '69'],
['202406', '浩然', '76', '71', '70'],
['202407', '海涛', '77', '70', '81'],
['202408', '张君', '81', '79', '83']]
```

程序说明：

（1）打开文件后对文件进行遍历，读取每行的内容为一个用逗号分隔的字符串，格式为"202401，王方，82，78，85\n"，字符串最后是一个换行符（"\n"），可以通过使用字符串的rstrip()方法将其去掉。

（2）用字符串的split(',')方法将每行数据基于逗号分隔产生一个列表，形如['202401'，'王方'，'82'，'78'，'85']，并将这个列表作为一个元素加到列表 lst 中，构成一个二维列表。之后，在程序内部使用列表即可表达数据，这种一次性读入方式适合一部分应用。

【例6.9】　读取 score.csv 文件中的成绩，计算每个学生总成绩并写入 CSV 格式的文件。

【分析】

（1）使用写文本文件的操作方法，构建列表，将写入的内容按行存放到列表中。

（2）通过 writelines()方法将列表元素写入 CSV 格式文件。

程序代码如下：

```
def totlal_score(filename):
    lst = [ ]        ♯总成绩列表
    with open(filename, "rt",encoding = 'UTF - 8') as f:
        f.readline()
        lst.append("姓名,总成绩\n")
        for line in f:
            line = line.rstrip().split(",")
            sc = map(int,line[2:])
            lst.append("{},{}\n".format(line[1],sum(sc)))
    return lst
def writecsv(filename,lst):
    with open(filename,"w") as f:
        f.writelines(lst)
lst = totlal_score("score.csv")
writecsv("totalsc.csv",lst)
```

程序说明：

（1）构建名为 lst 的列表，把要写入的各行信息作为列表元素，为一次性写入文件做准备。

（2）标题行不参与运算，先读标题行 f.readline()不做任何处理。

（3）向 lst 列表添加表头字符串，即写入 CSV 文件中的第一行 lst.append("姓名,总成绩\n")。各字段间用逗号分隔。注意，使用英文状态下的半角逗号，以"\n"作为结尾。

（4）切片 line[2:]为各门课的成绩，map(int,line[2:])将每个元素映射为整数，再利用sum()函数对其进行求和。将每行的学生姓名和总成绩，用逗号分隔且以"\n"为结尾组成字符串。

（5）利用 writelines()将列表一次性写入文件，相当于一次写入多行。

6.3.2　JSON 格式文件

JSON(JavaScript Object Notation)是一种轻量级的数据交换格式。它起源于 JavaScript，是基于 ECMAScript 的一个子集，采用完全独立于编程语言的文本格式来存储和表示数据。

简洁和清晰的层次结构使得 JSON 成为理想的数据交换语言。它易于阅读和编写,同时也易于机器解析和生成,并能有效地提升网络传输效率。

拓展:序列化

序列化是指将对象数据类型转换为可以存储或网络传输格式的过程,传输格式一般为 JSON 或 XML。反序列化指从存储区域中将 JSON 或 XML 格式读出并重建对象的过程。JSON 序列化与反序列化的过程分别是编码和解码。

JSON 是文本格式,使用 Unicode 编码,默认以 UTF-8 方式存储。JSON 具有以下形式。

(1) 对象是一个无序的键值对< key,value >集合。一个对象以"{"(左花括号)开始,"}"(右花括号)结束。每个键后跟一个":"(冒号),键值对之间使用","(逗号)分隔。键必须是字符串,并且用双引号包围。值可以是多种类型,如字符串、数值、布尔值、数组、对象或 null。

(2) 数组是值的有序列表。一个数组以"["(左方括号)开始,"]"(右方括号)结束。值之间使用","(逗号)分隔。

以员工的 JSON 数据为例。

```
"员工":[
        {   "姓名": "张三",
            "年龄": 28,
            "擅长的编程语言": ["JavaScript", "Python"]
        },
        {   "姓名": "Bob",
            "年龄": 34,
            "擅长的编程语言": ["Java", "C++"]
        }
    ]
```

首先它是一个键值对,由"员工"与具体内容组成;由于存在 2 个员工,员工之间采用逗号分隔,员工之间是对等关系,形成一个数值,采用方括号分隔;每个员工是一个对象,采用大括号组织,因为对象中包括员工的姓名、年龄和擅长的编程语言,每一项是一个键值对,对应员工的一个属性。

采用对象、数组方式组织起来的键值对可以表示任何结构的数据。这为计算机组织复杂数据提供了极大的便利。

json 库是处理 JSON 格式的 Python 标准库,导入方式如下:

```
import json
```

json 库包含两个过程:编码(encoding)和解码(decoding)。编码是将 Python 数据类型转换为 JSON 格式的过程,解码是从 JSON 格式中解析数据对应到 Python 数据类型的过程。本质上,编码和解码是数据类型序列化和反序列化的过程。表 6.4 列出了 json 库的常用函数。

表 6.4 json 库的常用函数

函　　数	描　　述
json. dumps(obj)	将 Python 的数据类型转换为 JSON 格式的字符串,编码过程
json. loads(s)	将 JSON 格式字符串转换为 Python 的数据类型,解码过程
json. dump(obj, fp)	将 Python 的数据类型转换为 JSON 格式的字符串,并存储到指定文件中
json. load(fp)	读取指定文件中的 JSON 格式字符串并转换为 Python 的数据类型

【说明】

(1) json. dump()函数与 json. dumps()函数相比,参数多了一个文件描述符,功能上增加了将序列化后的字符串写入描述符所指示的文件中。

(2) json. load()函数与 json. loads()函数相比,参数从字符串改为文件描述符,将序列化字符串从文件读出并反序列化为 Python 对象。

json 库编码语法及主要参考参数如下。

```
json. dumps(obj, ensure_ascii = True, indent = None, sortkeys = False)
json. dump(obj, fp, ensure_ascii = True, indent = None, sortkeys = False)
```

(1) ensure_ascii 参数默认值为 True。json 库默认采用 Unicode 编码处理非西文字符,主要为了避免网络传输中因编码方式不同带来的问题。设置 ensure_ascii=False 可以禁止将中文转换为 Unicode 编码(形如\uXXXX),保持中文原样输出。

(2) indent 参数用来对 JSON 数据进行格式化输出,默认值为 None,可设一个大于 0 的整数表示缩进量,使得输出的数据被格式化,提高可读性。

(3) sortkeys 参数默认值为 False,设置 sortkeys = True 使转换结果按照字典升序排序。

【例 6.10】 将员工数据{“姓名”: “张三”,“年龄”: 28,“擅长”: [“JavaScript”,“Python”]}序列化到文件。

【分析】

(1) 导入 json 库,使用 dump() 函数进行 JSON 文件序列化。

(2) 通过 load 从 JSON 文件进行反序列化操作,输出内容,检验正确性。

程序代码如下:

```
import json
strdic = {"姓名": "张三","年龄": 28, "擅长": ["JavaScript", "Python"]}
with open("staff.json","w",encoding = "UTF - 8") as f:
    json.dump(strdic,f,indent = 4,ensure_ascii = False)
with open("staff.json","r",encoding = "UTF - 8") as f:
    str_new = json.load(f)
    print(str_new)
```

代码运行结果:

```
{'姓名': '张三', '年龄': 28, '擅长': ['JavaScript', 'Python']}
```

【例 6.11】 以 score.csv 作为输入实现 CSV 格式与 JSON 格式的转换。

【分析】

(1) 以读文本文件的模式打开 CSV 文件,将文件中的数据读取出来,转换为列表。

```
with open('score.csv', 'r', encoding = 'UTF - 8') as f:
    lst = []
    for line in f.readlines():
        s = line.strip().split(',')
        lst.append(s)
    print(lst)
```

输出的数据格式如下所示。

```
[['学号', '姓名', 'Java', 'Python', 'C++'], ['202401', '王方', '82', '78', '85'], ['202402', '张
明', '75', '59', '61'], ['202403', '伊诺', '79', '86', '91'], ['202404', '李兵', '78', '80', '82'],
['202405', '肖遥', '84', '77', '69'], ['202406', '浩然', '76', '71', '70'], ['202407', '海涛',
'77', '70', '81'], ['202408', '张君', '81', '79', '83']]
```

(2) 利用 zip() 函数将标题和数据组合成键值对,得到元素为字典的新列表。

```
lst_new = [ ]
for i in range(1, len(lst)):
    lst_new.append(dict(zip(lst[0], lst[i])))
print(lst_new)
```

lst[0] 就是标题数据['学号', '姓名', 'Java', 'Python', 'C++'],lst_new 是由字典元素组成的新列表,新列表的部分数据如下。

```
[{'学号': '202401', '姓名': '王方', 'Java': '82', 'Python': '78', 'C++': '85'},
{'学号': '202402', '姓名': '张明', 'Java': '75', 'Python': '59', 'C++': '61'},
{'学号': '202403', '姓名': '伊诺', 'Java': '79', 'Python': '86', 'C++': '91'},
… ]
```

(3) 以创建写的模式打开 JSON 文件对象,再用 dump() 函数将(2)中的列表 lst_new 编码为 JSON 格式并写入文件。

```
with open("score.csv", "w", encoding = "UTF - 8") as f:
    json.dump(lst_new, f, indent = 4, ensure_ascii = False)
```

完整的代码参考如下:

```
import json
def readCSV(filename):
    with open(filename, 'r', encoding = 'UTF - 8') as f:
        lst = []
        for line in f.readlines():
            s = line.strip().split(',')
            lst.append(s)
        return lst
def lst_to_dict(lst):
    lst_new = []
    for i in range(1, len(lst)):
        lst_new.append(dict(zip(lst[0], lst[i])))
    return lst_new
```

```
def dic_to_json(filename, lst_new):
    with open(filename, "w", encoding = "UTF - 8") as f:
        json.dump(lst_new, f, indent = 4, ensure_ascii = False)
lst = readCSV("score.csv")
lst_new = lst_to_dict(lst)
dic_to_json("score.json", lst_new)
```

代码运行后,score.json 文件的部分数据如下所示。

```
[
    {
        "学号": "202401",
        "姓名": "王方",
        "Java": "82",
        "Python": "78",
        "C++": "85"
    },
    {
        "学号": "202402",
        "姓名": "张明",
        "Java": "75",
        "Python": "59",
        "C++": "61"
    },
    …
]
```

【例 6.12】 实现 JSON 格式与 CSV 格式的转换。

【分析】

(1) 以读模式打开 JSON 格式文件,利用 load()函数实现将文件中的数据转换为由字典元素组成的列表。

```
with open("score.json", "r", encoding = "UTF - 8") as f:
    lst = json.load(f)
print(lst)
```

部分数据如下所示。

```
[{'学号': '202401', '姓名': '王方', 'Java': '82', 'Python': '78', 'C++': '85'},
{'学号': '202402', '姓名': '张明', 'Java': '75', 'Python': '59', 'C++': '61'},
… ]
```

(2) 将(1)列表 lst 的字典元素转为列表类型,各列表元素再组成新列表 lst_new。

```
lst_new = []
lst_title = list(lst[0].keys())
lst_new.append(lst_title)
for item in lst:
    lst_new.append(list(item.values()))
print(lst_new)
```

新列表 lst_new 的部分内容如下。

```
[['学号', '姓名', 'Java', 'Python', 'C++'],
['202401', '王方', '82', '78', '85'],
['202402', '张明', '75', '59', '61'],
…]
```

（3）将列表 lst_new 的每个元素用逗号隔开拼成字符串，通过 write()函数逐一写入 CSV 文件。

```
with open(filename,"w",encoding = "UTF - 8") as f:
    for item in lst_new:
        f.write(",".join(item) + "\n")
```

完整代码参考如下：

```
import json
def readJSON(filename):
    with open(filename,"r",encoding = "UTF - 8") as f:
        lst = json.load(f)
    return lst
def dict_to_lst(lst):
    lst_new = []
    lst_title = list(lst[0].keys())
    lst_new.append(lst_title)
    for item in lst:
        lst_new.append(list(item.values()))
    return lst_new
def writeJSON(filename,lst_new):
    with open(filename,"w",encoding = "UTF - 8") as f:
        for item in lst_new:
            f.write(",".join(item) + "\n")
lst = readJSON("score.json")
lst_new = dict_to_lst(lst)
writeJSON("score_new.csv",lst_new)
```

6.4 OS 模块

Python 标准库的 OS 模块除了提供使用操作系统功能和访问文件系统的简便方法之外，还提供了大量与文件和文件夹有关的操作。

操作系统的功能之一是维护文件的组织结构。目前流行的操作系统如 Windows、Linux 和 macOS 都将文件放于目录结构中进行管理。这个假定的特殊容器，在 macOS 下称为目录，在 Windows 下称为文件夹。每个目录一般包含三部分内容。

（1）目录中有文件列表。

（2）目录中包含其他目录的列表。

（3）目录中包含其父目录的链接。

Python 内置的 os 库（operating system library）提供了大量与目录及文件操作相关的方法。使用 import os 语句导入 os 库后，即可使用其相关方法，os 库常用方法如表 6.5 所示。

表 6.5　os 库常用方法

方　　法	描　　述
os. getcwd( )	获取当前工作路径
os. chdir(path)	将当前工作路径修改为 path,如 os. chdir(r'c:\Users')
os. path. exist(name)	判断 name 文件夹或文件是否存在,若存在则返回 True,否则返回 False
os. mkdir(pathname)	新建一个名为 pathname 的文件夹
os. rmdir(pathname)	删除空文件夹 pathname,文件夹不为空则报 OSError 错误
os. path. isdir(path)	判断 path 是否是文件夹,若是则返回 True,否则返回 False
os. path. getsize(file)	若文件 file 存在,则返回其大小,单位为 B,若不存在则报错
os. remove(filename)	删除文件 filename,若文件不存在则报错
os. path. isfile(filename)	判断 filename 是否是文件,若是则返回 True,否则返回 False
os. listdir(path)	以列表形式返回 path 路径下的所有文件名,不包括子路径中的文件名
os. walk(path)	返回类型为生成器,包含数据为若干包含文件和文件夹名的元组数据

1. 创建文件夹

(1) 方法 os. mkdir(pathname)创建单个子目录。例如,在当前目录下创建子目录 demo_dir。

```
import os
os.mkdir('demo_dir')
```

如果指定的目录已经存在,则 mkdir()会引发 FileExitsError 异常。

(2) 方法 os. mkdir()既可以创建单个子目录,又可以创建目录树。

```
import os
os.mkdir(r'2024/10/1')
```

上述代码将创建包含文件夹 2024、10 和 1 在内的嵌套目录结构,如图 6.2 所示。

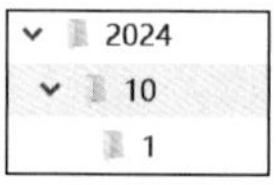

图 6.2　嵌套目录结构

2. 删除文件和目录

删除文件可以使用方法 os. remove(filename),只能删除文件而不能删除文件夹,否则会抛出异常。os. removedirs(pathname)方法能够删除多级目录。

【例 6.13】　目录"2024/10/1"的创建和删除。

程序代码如下:

```
import os
pathname = r"2024/10/1"
if os.path.exists(pathname):
    os.removedirs(pathname)
    print(pathname, "删除成功")
else:
    os.makedirs(pathname)
    print(pathname, "创建成功")
```

程序说明：

（1）先通过 exists()函数判断目录是否存在，若存在则删除，若不存在则创建。

（2）os.removedirs()方法只能删除空目录，即目录 2024/10/1 下不能有目录或文件，否则抛出 OSError 异常。

3. 遍历指定目录

【例 6.14】 遍历指定目录下所有子目录和文件。

【分析】 可以使用递归的方法进行深度优先遍历。

程序代码如下：

```
import os
def visitDir(path):
    if not os.path.isdir(path):
        print(f"Erro:{path} is not a directory or does not exit.")
        return
    for lists in os.listdir(path):
        sub_path = os.path.join(path,lists)
        print(sub_path)
        if os.path.isdir(sub_path):
            visitDir(sub_path)
visitDir(r'E:\demo')
```

微实践——词频统计

词频统计是对文本中单词出现次数的统计和分析。通过对大量文本数据的处理，可以得到每个单词出现的频率，从而了解哪些单词在英语中更为常用。这种统计方法在自然语言处理、文本挖掘和机器翻译等领域具有广泛应用。词频分布结果分为以下三种。

（1）高频词汇。这些词汇在文本中出现的频率非常高，如 the、of、and、to 等。这些词汇通常具有语法功能，是构成句子结构的基本元素。

（2）中频词汇。这些词汇在文本中出现的频率适中，如 important、problem、solution 等。这些词汇通常用丁描述事物、表达观点或进行逻辑推理。

（3）低频词汇。这些词汇在文本中出现的频率较低，如一些专业术语、地名或人名等。这些词汇通常具有特定领域或文化背景的含义。

那么，如何利用 Python 对一篇英文文本进行词频统计呢？例如，统计并输出《哈姆雷特》(hamlet.txt)出现频率最高的前十个单词。

1. 读取文本

利用 open()函数打开 hamlet.txt 文件，并使用 read()方法读取文件内容，将文本保存在变量 s 中。

```
with open(filename,'r',encoding = 'utf-8') as f:
    s = f.read()
```

2. 获取归一化文本

在对一个文章进行统计之前，要确保它的格式正确，能够被识别。英文文章中，字母有大写和小写,还有一些特殊字符。首先打开文件,将文本中的大写字母修改为小写字母,特殊字符以空格进行替换。

由于整个文本就是一个大的字符串,要提取其中的每个单词,需要用到 s.split()方法将文本按空格切分,返回一个列表。

```python
s = s.lower()
for ch in '!"#$%&()*+,-./:;<=>?@[\\]^_'{|}~':
    s = s.replace(ch,' ')
words = s.split()
```

3. 数据统计

利用字典统计列表中的每个单词出现的个数。

定义一个字典 counts,利用字典逐一的从列表中读取每个元素,判断这个元素是否在 counts 中,如果它在里面,就返回它的次数,再进行加1;如果它不在里面,就返回0,并加1,相当于在字典中新增了一个元素。

```python
counts = {}
for w in words:
    counts[w] = counts.get(w,0) + 1
```

4. 排序

将数据统计完之后,将字典转换为便于操作的列表,利用列表的 list.sort()方法将列表按第二个值(即单词的次数)从大到小进行排列。

```python
items = sorted(counts.items(), key = lambda x:x[1], reverse = True)
```

5. 输出

利用 for-in 对前十的单词进行打印,并对格式进行处理。

完整参考代码如下:

```python
def readfile(filename):
    with open(filename,'r',encoding = 'UTF-8') as f:
        s = f.read()
        return s
def countword(s):
    s = s.lower()
    for ch in '!"#$%&()*+,-./:;<=>?@[\\]^_'{|}~':
        s = s.replace(ch,' ')
    words = s.split()
    counts = {}
    for w in words:
        counts[w] = counts.get(w,0) + 1
    items = sorted(counts.items(),key = lambda x:x[1],reverse = True)
    return items
def printwords(items):
    for i in range(10):
        word,count = items[i]
        print("{0:<10}{1:>5}".format(word,count))
```

```
s = readfile('hamlet.txt')
items = countword(s)
printwords(items)
```

代码输出结果如下：

```
the          1138
and          965
to           754
of           669
you          550
i            542
a            542
my           514
hamlet       462
in           436
```

由此可见，高频单词大部分是介词。了解英语单词的词频分布情况，对于语言学习和文本分析等具有重要的指导意义。

（1）语言学习。在学习英语时，可以重点关注高频和中频词汇，因为这些词汇在日常生活中更为常用。通过掌握这些词汇的用法和搭配，可以提高口语和写作表达能力。

（2）文本分析。在进行文本分析时，可以利用词频统计结果来识别关键词和主题。高频词汇往往能够反映文本的主要内容和观点，有助于快速把握文本的核心信息。

（3）自然语言处理。在自然语言处理领域，词频统计可以用于构建词汇表、优化分词算法和提高语义分析的准确性。通过对词频的研究，可以更好地理解单词之间的关系和语义信息。

对于一篇中文文章如何进行词频统计呢？由于中文词语之间缺少分隔符，其分词方法需借助于第三方中文分词函数库来完成。

6.5 wordcloud 库和 jieba 库

用 wordcloud 库可生成词云，让一段枯燥的文本更加直观有趣。

词云以词语为基本单位，通过图形可视化的方式直观、艺术地展示文本。wordcloud 库是优秀的词云展示第三方库，它能将一段文本变成一个词云。Python 中的词云有中文词云、英文词云，如图 6.3 所示。

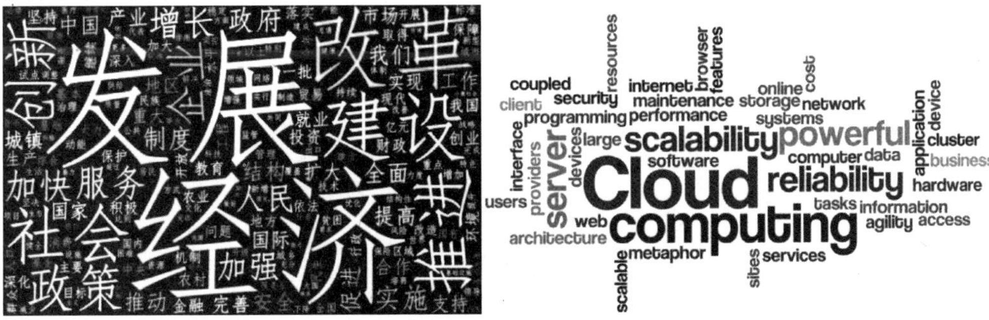

图 6.3　词云

wordcloud 库为第三方库：使用前需要安装，可用 pip 工具。在联网的情况下，进入 Windows 命令行并输入：

```
pip install wordcloud
```

安装过程将持续几分钟，看到 Successfully installed wordcloud-1.9.4 表示安装成功。

6.5.1　wordcloud 库

wordcloud 库把词云当作一个 WordCloud 对象，在使用库时，库名全部为小写。wordcloud. WordCloud()代表一个具体的词云，可以根据文本中词语出现的频率绘制词云，词云的形状、尺寸、颜色、字体都可以设定。

以 WordCloud 对象为基础，配置参数、加载文本和输出文件，步骤如下。

（1）配置词云对象的参数。

```
w = wordcloud.WordCloud()
```

（2）加载词云文本。

向 WordCloud 对象 w 中加载文本 txt。

```
w.generate(txt)
```

例如：

```
w.generate("Life is short, you need python.")
```

（3）输出词云文件。

将词云输出为图像.png 或.jpg，例如：

```
w.to_file("outfile.png")
```

【例 6.15】　将字符串"Life is short，you need python."生成一个词云对象。

程序代码如下：

```
import wordcloud                              #引入词云库
w = wordcloud.WordCloud()                     #生成一个词云对象 w
w.generate('Life is short you need python')   #将一段文本加载到词云对象 w 中
w.to_file('pywordcloud.png')                  #将词云输出到 pywordcloud.png 文件
```

运行程序，在程序文件同一目录中可生成一个 400×200 像素的图片，如图 6.4 所示。

图 6.4　词云图像

用 WordCloud 对象生成词云时,可以加载的参数如表 6.6 所示。

表 6.6　WordCloud 对象可以加载的参数

参　数	描　述
width	指定词云对象生成图片的宽度,默认为 400 像素。 w = wordcloud.WordCloud(width = 600)
height	指定词云对象生成图片的高度,默认为 200 像素。 w = wordcloud.WordCloud(height = 400)
min_font_size	指定词云中字体的最小字号,默认为 4 号。 w = wordcloud.WordCloud(min_font_size = 10)
max_font_size	指定词云中字体的最大字号,根据高度自动调节。 w = wordcloud.WordCloud(max_font_size = 20)
font_step	指定词云中字体字号的步进间隔,默认为 1。 w = wordcloud.WordCloud(font_step = 2)
font_path	指定字体文件的路径,默认为 None。 w = wordcloud.WordCloud(font_path = "msyh.ttc") #指定微软雅黑字体
max_words	指定词云显示的最大单词数量,默认为 200。 w = wordcloud.WordCloud(max_words = 20)
stopwords	词云的排除词列表,即不显示的单词列表。 w = wordcloud.WordCloud(stopwords = {"Python"})
mask	指定词云形状,默认为长方形,需要引用 imread()。 from matplotlib.pyplot import imread mk = imread("pic.png") w = wordcloud.WordCloud(mask = mk)

【说明】

（1）根据单词出现的次数,用 min_font_size、max_font_size 及 font_step 三个参数组合来控制词云中最小、最大,以及中间的间隔。

（2）font_path：指定一个字体,如微软雅黑（Windows 10 下为"msyh.ttc",Windows 7 下为"msyh.ttf"）。

（3）max_words：指定最多单词数量,如果要突出某些单词,则可以减少单词总量。

（4）stopwords：通过一个集合来排除不需要的单词。

（5）from matplotlib.pyplot import imread：用函数 imread()读取图片。

6.5.2　jieba 库和中文词云

与英文文本不同,由于中文词语之间无间隔,因此在进行中文词云制作前需要先对文本进行分词处理。

jieba 库是优秀的中文分词第三方库。利用一个中文词库,确定汉字之间的关联概率,汉字间概率大的组成词组,形成分词结果。除了既有的分词结果,用户还可以将自定义的词组添加到词库。

jieba 库提供三种分词模式,分别为精确模式、全模式和搜索引擎模式。jieba 库常用函数如表 6.7 所示。

表 6.7　jieba 库常用函数

函　　数	说　　明
jieba.lcut(s)	精确模式,返回一个列表类型的分词结果,不存在冗余词语,适合文本分析。 >>> jieba.lcut('十四届全国人大二次会议') ['十四届', '全国人大', '二次', '会议']
jieba.lcut(s,cut_all = True)	全模式,把文本中所有可能的词语都扫描出来,返回一个列表类型的分词结果,速度较快,有冗余。 >>> jieba.lcut('十四届全国人大二次会议',cut_all = True) ['十四', '十四届', '四届', '全国', '全国人大', '国人', '人大', '大二', '二次', '会议']
jieba.lcut_for_search(s)	搜索引擎模式,在精确模式基础上,对长词再次切分,返回一个列表类型的分词结果,存在冗余,适合搜索引擎分词。 >>> jieba.lcut_for_search('十四届全国人大二次会议') ['十四', '四届', '十四届', '全国', '国人', '人大', '全国人大', '二次', '会议']
jieba.add_word(w)	向分词词典增加新词。 >>> jieba.add_word('蟒蛇语言')

由于 wordcloud 库是用空格来分隔单词的,但在中文中没法用空格来区分单词,因此中文形成词云时,需要用 jieba 库把中文文本进行分词。

【例 6.16】　分析《新一代人工智能发展规划》的部分内容 data.txt,按照文件内容制作词云。

【分析】　本例要用到第三方库 wordcloud 和 jieba,需要先下载安装。读取文件内容,调用 jieba 库进行中文分词,利用 wordcloud 库生成词云。

程序代码如下:

```python
import jieba
import wordcloud
s = ''
stopwords = ['是','的','和','们','我们','与','等']
with open('data.txt','r',encoding = 'UTF - 8') as f:
    s = f.read()
ls = jieba.lcut(s)              #列表 ls 保存文本 s 的分词结果
txt = ''.join(ls)              #列表 ls 的元素通过空格连接成一个字符串
w = wordcloud.WordCloud(width = 1000,height = 800, background_color = 'white',
                font_path = 'msyh.ttc',stopwords = stopwords)
w.generate(txt)
w.to_file('AI.png')
```

程序执行后生成的词云如图 6.5 所示。

程序说明:

(1) 生成中文词云,导入库:import jieba 和 import wordcloud;用 open()函数打开文本,将文件的内容读入到变量 s;再使用 jieba.lcut()将文本进行分词,分词的结果保存在列表 ls 中,ls 列表中的每个元素是分词后的每一个单词,用空格将列表中的每个元素连接起来,形成一个长字符串 txt,最后调用词云对象生成词云。

运行程序后,在程序文件所在的目录中即可生成一个 1000×800 像素的图片 AI.png,

图 6.5 词云效果图

如图 6.5 所示。

（2）设置 stopwords 可以剔除无意义的词语，不显示在词云中，实际应用中可以根据需要设置。

Python 还可以在一个背景图片上生成词云，例如爱心，如图 6.6 所示。

图 6.6 在背景图片上生成词云

wordcloud 库提供 mask 参数，通过覆盖的方法，可以生成任意形状的词云，但需要从 Matplotlib 库中调用用 imread()方法，需要提供白色背景图片。

【例 6.17】　修改例 6.16 代码,在背景图片上生成词云。

【分析】　本例要用到第三方库 jieba、wordcloud 和 matplotlib,需要下载后再导入。

程序代码如下:

```python
import jieba
import wordcloud
from matplotlib.pyplot import imread
s = ''
stopwords = ['是','的','和','们','我们','与','等']
with open('data.txt','r',encoding = 'UTF - 8') as f:
    s = f.read()
ls = jieba.lcut(s)                  #列表 ls 保存文本 s 的分词结果
txt = ''.join(ls)                   #列表 ls 的元素通过空格连接成一个字符串
mk = imread('heart.jpg')
w = wordcloud.WordCloud(width = 1000,height = 800, background_color = 'white',mask = mk,
                        font_path = 'msyh.ttc',stopwords = stopwords)
w.generate(txt)
w.to_file('AI.png')
```

运行程序,生成的图片如图 6.7 所示。

图 6.7　心形词云效果图

程序说明:

(1) Matplotlib 库是 Python 中优秀的数据可视化第三方库,主要用于二维图形的绘制。它借鉴了 MATLAB 中的函数可以快速绘制各类图形,包括统计图、函数图、艺术图等。pyplot 是其中绘制各类可视化图形的命令子库。

（2）用 imread()方法读取一背景图片文件，代码如下：

```
from matplotlib.pyplot import imread
mk = imread('heart.jpg')
```

从 Matplotlib 库中借用 imread()方法，读取一背景图片文件，用 mk 变量来表示图片文件。在生成 WordCloud 对象时，使用 mask 参数将之前的 mk 变量给定到 mask 参数中。效果如图 6.7 所示。

本章小结

本章主要讲述了文本类型文件的读写操作和中英文词云的制作。具体内容如下。

（1）open()函数可以打开文本文件或二进制文件并创建文件对象。close()方法用于关闭文件对象，也可以在上下文管理器 with 中打开文件。

（2）文件读写常用的方法。

- read()方法：读取文本中部分或全部字符为一个字符串。
- readline()方法：每次读取文件中第一行数据为一个字符串。
- readlines()方法：一次读取文件中所有数据行并转换为一个列表。
- write()方法：向文件写入一个字符串或字节流。
- writelines()方法：将一个元素全为字符串的列表写入文件。

（3）CSV 文件是以文本形式存储表格，字段间常用逗号或制表符分隔，常用于程序之间转移表格数据。

（4）JSON 格式数据多用于网站数据交互及不同的应用程序之间的数据交互。json 库是处理 JSON 格式的标准库，其中的 dump()和 load()方法可以实现 Python 数据类型和 JSON 数据的转换。

（5）内置库 os 提供了大量方法可用于文件夹及文件操作。

（6）jieba 库是优秀的中文分词第三方库，jieba.lcut()可以精确分词。

（7）wordcloud 库可以根据文本中词语出现的频率绘制词云。

习题

一、思考题

1. 列举常用的文件类型。

2. Python 语言进行文件操作的三个步骤是什么？

3. Python 语言有几种写模式？它们之间有何区别？

4. 文本文件的读写有哪些方法？它们之间有何区别？

5. 哪个函数可以查看文件指针的当前位置？

6. CSV 文件有什么特点？如何读写 CSV 文件？

7. JSON 是一种什么样的数据格式？json 库的 dumps()函数的 sort_keys 参数有何作用？

8. 如何进行词频统计?

9. 如何在程序中引用jieba库? 分别使用jieba.cut()和jieba.lcut()对"中华人民共和国是一个伟大的国家"进行分词? 输出分词结果,分析二者的区别。

10. 如何在背景图片上生成词云?

二、编程题

1. 编写程序,将随机产生的1000个1000以内的整数写入一个文件,文件中的整数用逗号分隔。从文件中读取数据,打印输出排序后的结果。

2. 编写程序,将李白的诗《静夜思》写入文件,编码要求采用UTF-8。

3. 编写程序,统计一个文本文件中的单词数以及行数。标点符号(!、"、♯、$、%、&、(、)、*、+、,、.、/、:、;、<、=、>、?、@、[、]、^、_、{、|、}、~、\、\n)和空白符一样都是单词的分隔符。程序应提示用户输入一个文件名。

4. "开课情况.csv"文件中存放了某学院某学年教师主讲课程的情况,包括课程名称、学分、理论学时和实验学时等情况。现要求如下。

(1) 输出该学年的开课门数、每门课程的名称及主讲教师名称。

(2) 计算每位教师全年的工作量,并按工作量由高到低保存到"工作量.csv"文件中。

5. 将文件"工作量.csv"内容序列化为"工作量.json"。

6. 编写程序,用户输入一个目录和一个文件名,搜索该目录及其子目录中是否存在该文件,如果存在,则输出这些文件路径。

7. 读取hamlet.txt,生成词云,效果参考下图。

8. 对《三国演义》小说(threekingdoms.txt)进行人物出场统计,并用wordcloud可视化呈现。

第7章

科学计算与可视化

【本章导读】

科学计算是科学研究和工程实践中的基础环节。可视化是将计算过程中的数据和计算结果转换为图形图像，将人的感知能力和认知能力以可视化的方式融入数据处理和推理的过程中。可视化提高了人们对事物的理解能力、把握能力、探究能力和创新能力。

NumPy 与 SciPy 作为科学计算的基础函数库，包含大量简洁高效的科学计算函数，Matplotlib 则是创建交互式图形图像的基础函数库。本章以这三个函数库为编程基础，讲解科学计算与可视化的基础数据结构、运算规则、函数规则和操作规则。

【本章主要内容】

科学计算与可视化
- NumPy 与数组基础
  - 列表转换为数组：np.array(list)
  - 二维列表转换为二维矩阵
  - 创建 NumPy 数组
  - 数组索引与切片
  - 重构数组维度
    - transpose()
    - swapaxes()
    - flatten()
    - sort()
- NumPy 与矩阵运算
  - 矩阵堆叠
    - vstack()、hstack()
    - column_stack()、row_stack()
  - 矩阵拆分
    - hsplit()
  - 矩阵复制
    - 赋值、view()、copy()
  - 矩阵运算
    - 矩阵计算：+、-、*、/
    - sum()、max()、min()
    - 矩阵元素：add()、subtract()、multiply()、divide()
- NumPy 与矩阵函数
  - 线性代数函数
    - 点积、内积
  - 矩阵比较函数
    - greater()、greater_equal()、less()、less_equal()、not_equal()、equal()
  - 矩阵统计函数
    - mean()、median()、average()、var()、std()
  - 矩阵三角函数与可视化
    - matplotlib.pyplot()
- NumPy 与文件读写
  - np.savetxt()和np.loadtxt()
  - np.save()和np.load()
  - np.savez()和np.load()
- SciPy 科学计算与可视化
  - 最小值：optimize 模块
  - 微积分：derivative 函数
  - 离散傅里叶变换

7.1　NumPy 与数组基础

7.1.1　创建 NumPy 数组

NumPy 处理的核心对象是多维数组。NumPy 围绕多维数组的计算和处理，提供了若干高效的基础函数，包括数值计算、矩阵运算、逻辑处理、维度重构、数组排序、数组切片、I/O 操作、离散傅里叶变换、随机过程模拟等。

程序段 7.1.1 给出了用 NumPy 定义数组的常见方法与实例演示。为了便于读者学习，本章所有演示程序整理在名称为"第 7 章 科学计算与可视化.ipynb"的程序文档中（可扫描前言中二维码进行学习），各程序段之间是迭代演进的，导入的第三方库和变量定义，都是全局可见的。

```
#7.1.1 创建数组的基本方法
import numpy as np
# ========== 方法 1：将 Python 列表转换为数组 ==========
list_1 = [1, 2, 3, 4, 5]
np_arr_1 = np.array(list_1, dtype = np.int8)
print(np_arr_1)
# ========== 方法 2：二维列表转换为二维数组（二维矩阵）==========
list_2 = [[1, 2, 3], [4, 5, 6], [7, 8, 9]]
np_arr_2 = np.array(list_2)
print(np_arr_2)
# ========== 方法 3：创建 NumPy 数组 ==========
np_sequence1 = np.arange(1,10,2)        #起点、终点、步长
print(np_sequence1)
np_sequence2 = np.linspace(0, 5, 5)     #起点、终点、数量
print(np_sequence2)
np_sequence3 = np.zeros(4)              #包含 n 个元素的数组,元素取值为 0
print(np_sequence3)
#创建多维数组,元素取值均为 0
md_arr1 = np.zeros((2, 3))              #元组的第一个元素表示行数,第二个元素表示列数
print(md_arr1)
#创建元素为 1 的矩阵
md_arr2 = np.ones((2, 3))
print(md_arr2)
#计算数组包含的元素个数
print(np_arr_2.size)
#计算矩阵的维度
print(np_arr_2.shape)
#用指定的值创建数组
np_arr_3 = np.array([1, 2, 3, 4, 5, 6])
print(np_arr_3)
#返回元素类型
print(np_arr_3.dtype)
#随机生成 5 个 10～50 的随机整数
# numpy.random.randint(low, high = None, size = None, dtype = 'l')
np_arr4 = np.random.randint(10, 50, 5)
print(np_arr4)
#用[10, 50]区间的数生成 2×3 的矩阵
np_arr5 = np.random.randint(10, 50, size = (2, 3))
print(np_arr5)
```

7.1.2 数组切片与索引

数组切片是从数组中提取元素子集并将其重构为另一个数组的操作。数组索引是对数组中特定元素的标识方法,通过数组索引可以精准地返回特定元素或者修改特定元素。

数组切片的常见应用是从字符串中提取子字符串、从二维数组中提取行或列、从多维数组中提取向量等。数组切片返回的可以是非连续的元素子集。

程序段 7.1.2 演示了数组切片与索引的基本方法。

```
#7.1.2 数组切片与索引的基本方法
# 根据索引修改矩阵的值
np_arr_2[0,0] = 2
np_arr_2.itemset((0,1), 1)
print(np_arr_2)                                         # 根据索引取值
print(np_arr_2[0,1])
print(np_arr_2.item(0,1))
# 根据索引取值
new_arr = np.take(np_arr_2, [0, 3, 6])
print(new_arr)
# 根据索引修改元素的值
np.put(np_arr_2, [0, 3, 6], [10, 10, 10])
print(np_arr_2)
# 指定范围和步长切片
print(np_arr_1[:5:2])
# 取每一行的第 2 个元素,即提取第 2 列
print(np_arr_2[:,1])
# 水平翻转矩阵
print(np_arr_1[::-1])
# 获取偶数元素
evens = np_arr_2[np_arr_2 % 2 == 0]
print(evens)
# 返回指定范围的值, value > 5
new_arr_1 = np_arr_2[np_arr_2 > 5]
print(new_arr_1)
# 5 < value < 9
new_arr_2 = np_arr_2[(np_arr_2 > 5) & (np_arr_2 < 9)]    # 注意这里的 & 表示逻辑与
print(new_arr_2)
# 5 < value or value = 10
new_arr_3 = np_arr_2[(np_arr_2 > 5) | (np_arr_2 == 10)]  # 这里的 | 表示逻辑或
print(new_arr_3)
# 返回矩阵中的唯一元素
new_arr_4 = np.unique(np_arr_2)
print(new_arr_4)
```

7.1.3 重构数组维度

重构数组维度是在不改变数组原有数据元素的前提下赋予数组新的维度形式。通过添加或删除维度,可以调整各维度方向的元素数量。例如,将具有 12 个元素的一维数组转换为 4 行 3 列的二维数组,数组结构发生了改变,最外层维度将包含 4 个元素(4 个一维数组),内层维度(单个一维数组)包含 3 个元素。

程序段 7.1.3 演示了重构数组维度的基本方法。

```
#7.1.3 重构数组维度的基本方法
#(3,3)->(1,9)
new_arr = np_arr_2.reshape((1,9))
print(new_arr)
#根据指定维度重构矩阵(元素可能会丢失或添加 0 补充)
np_arr_2.resize((2,5), refcheck = False)
print(np_arr_2)
#矩阵转置
new_arr = np_arr_2.transpose()
print(new_arr)
# numpy.swapaxes(arr, axis1, axis2),交换矩阵的两个轴
new_arr = np_arr_2.swapaxes(0,1)
print(new_arr)
#多维度重构到一维空间
new_arr = np_arr_2.flatten()
print(new_arr)
#按照列的方向重构到一维空间, order 取值为 {'C', 'F', 'A', 'K'}
new_arr = np_arr_2.flatten(order = 'F')
print(new_arr)
#按照行方向排序,重新排列元素
np_arr_2.sort(axis = 1)
print(np_arr_2)
#按照列方向排序,重新排列元素
np_arr_2.sort(axis = 0)
print(np_arr_2)
```

7.2 NumPy 与矩阵运算

矩阵被广泛应用于科学计算和工程实践,矩阵理论是线性代数、图论、组合学和统计学等学科的基础内容。在几何学中,矩阵广泛用于处理几何变换和坐标变化;在数值分析中,矩阵是重要的计算手段;在机器学习中,大规模的数据集表示以及神经网络的正向传播与反向传播过程也会通过矩阵变换实现。

在 NumPy 中,矩阵用二维数组的形式表示,包含行和列。如果需要进行高维数据操作,可以使用多维数组,计算机科学中通常会将这些高维数组称为张量。

7.2.1 矩阵堆叠与拆分

大型矩阵往往需要拆分为若干小型矩阵,小型矩阵经常需要堆叠为更大矩阵,矩阵堆叠与拆分是常见的数据处理技术。

程序段 7.2.1 演示了矩阵堆叠与拆分的基本方法。

```
#7.2.1 矩阵堆叠与拆分的基本方法
#生成 2×2 的随机矩阵
my_arr_1 = np.random.randint(10, size = (2, 2))
print("my_arr_1\n", my_arr_1)
my_arr_2 = np.random.randint(10, size = (2, 2))
print("my_arr_2\n", my_arr_2)
```

```
#矩阵垂直方向堆叠,变成了4行
new_arr = np.vstack((my_arr_1, my_arr_2))
print(new_arr)
#矩阵水平方向堆叠,变成了4列
new_arr = np.hstack((my_arr_1, my_arr_2))
print(new_arr)
#删除矩阵的某些行列: numpy.delete(arr, obj, axis)
my_arr_3 = np.delete(my_arr_1, 1, 0) #axis=0,按照行删除,删除第1行(行号从0开始)
my_arr_4 = np.delete(my_arr_2, 1, 0)
print("my_arr_3\n", my_arr_3)
print("my_arr_4\n", my_arr_4)
#将一维数组按照列方向堆叠到二维数组中
new_arr = np.column_stack((my_arr_3, my_arr_4))
print(new_arr)
#将一维数组按照行方向堆叠到二维数组中
new_arr = np.row_stack((my_arr_3, my_arr_4))
print(new_arr)
#生成2×10的随机矩阵
my_arr_5 = np.random.randint(10, size=(2, 10))
print("my_arr_5\n", my_arr_5)
#水平方向拆分成5个矩阵
new_arr = np.hsplit(my_arr_5, 5)
print(new_arr)
#按照区间指示拆分,第2列之前(不包含第2列)重构为一个矩阵
#第4列之后(包含第4列)重构为一个矩阵,剩余的重构为一个矩阵
new_arr = np.hsplit(my_arr_5, (2, 4))
print(new_arr)
```

7.2.2 矩阵复制

从数据处理的角度看,矩阵是一个集中了若干元素的集合。基于计算过程的考量,经常需要把一个矩阵赋值给另一个矩阵,或者选择不同视角去观察理解矩阵,这些操作统称为生成矩阵的副本或生成矩阵的观察视图,简称矩阵复制。

程序段7.2.2演示了矩阵复制的基本方法。

```
#7.2.2 矩阵复制的基本方法
cp_arr_1 = np.random.randint(10, size=(2, 2))
#两个变量指向同一矩阵
cp_arr_2 = cp_arr_1
print("cp_arr_1\n", cp_arr_1)
print("cp_arr_2\n", cp_arr_2)
#改变矩阵1中的元素,矩阵2也跟着更改
cp_arr_1[0,0] = 2
print("cp_arr_1\n", cp_arr_1)
print("cp_arr_2\n", cp_arr_2)
#创建数据视图,更改视图,不影响原有的值
cp_arr_3 = cp_arr_1.view()
print("cp_arr_3\n", cp_arr_3)              #打印视图
cp_arr_3 = cp_arr_3.flatten('F')           #按照列的方向降为一维
print("cp_arr_3\n", cp_arr_3)
print("cp_arr_1\n", cp_arr_1)
```

```
# 复制并创建新矩阵,生成新对象
cp_arr_4 = cp_arr_1.copy()
print(cp_arr_4 )
```

7.2.3　矩阵基础计算

矩阵基础计算包括矩阵的四则运算、矩阵的极值计算以及简单的函数计算。程序段 7.2.3
演示了矩阵基础计算的基本方法。

```
# 7.2.3 矩阵基础计算的基本方法
import numpy as np
from numpy import random
arr_3 = np.array([1, 2, 3, 4])
arr_4 = np.array([2, 4, 6, 8])
# 矩阵相加
print('arr_3 + arr_4\n', arr_3 + arr_4)
# 相减
print('arr_3 - arr_4\n', arr_3 - arr_4)
# 相乘
print('arr_3 * arr_4\n', arr_3 * arr_4)
# 相除
print('arr_3 / arr_4\n', arr_3 / arr_4)
# 生成 4 个 0~100 的随机整数,一维向量
arr_5 = random.randint(100, size = (4))
print('arr_5\n', arr_5)
# 生成 2×3 的矩阵,元素是 0~100 的随机整数
arr_6 = random.randint(100, size = (2, 3))
print('arr_6\n', arr_6)
# 从数组中随机抽样选择数值
print('random.choice(arr_3)\n', random.choice(arr_3))
# 数组求和
print('arr_3.sum()\n', arr_3.sum())
# 按照列方向求和
print('arr_6\n', arr_6)
print('arr_6.sum(axis = 0)\n', arr_6.sum(axis = 0))
# 行方向累积求和
print('arr_6.cumsum(axis = 1)\n', arr_6.cumsum(axis = 1))
# 行方向,每行最小值
print('arr_6.min(axis = 1)\n', arr_6.min(axis = 1))
# 列方向,每列最大值
print('arr_6.max(axis = 0)\n', arr_6.max(axis = 0))
print("arr_3", arr_3)
print("arr_4", arr_4)
# 数组与单个值相加,广播模式
print('np.add(arr_3, 5)\n', np.add(arr_3, 5))
# 数组元素相加
print('np.add(arr_3, arr_4)\n', np.add(arr_3, arr_4))
# 数组元素相减
print('np.subtract(arr_3, arr_4)\n', np.subtract(arr_3, arr_4))
# 数组元素相乘
print('np.multiply(arr_3, arr_4)\n', np.multiply(arr_3, arr_4))
# 数组元组相除
```

```
print('np.divide(arr_3, arr_4)\n', np.divide(arr_3, arr_4))
arr_5 = np.array([[1, 2], [3, 4]])
arr_6 = np.array([[2, 4], [6, 9]])
print("arr_5\n", arr_5)
print("arr_6\n", arr_6)
#第一个数组除以第二个数组,返回余数
print('np.remainder(arr_6, arr_5)\n', np.remainder(arr_6, arr_5))
#计算第一个数组的幂次方,以第二个数组的元素为指数
print('np.power(arr_6, arr_5)\n', np.power(arr_6, arr_5))
#矩阵的平方根
print('np.sqrt(arr_3)\n', np.sqrt(arr_3))
#矩阵的立方根
print('np.cbrt(arr_3)\n', np.cbrt(arr_3))
#矩阵的绝对值
print('np.absolute([-1, -2])\n', np.absolute([-1, -2]))
#e 的 x 幂次方
print('np.exp(arr_3)\n', np.exp(arr_3))
#log()函数
np.log(arr_3)
np.log2(arr_3)
np.log10(arr_3)
print('np.log(arr_3)\n', np.log(arr_3))
#最大公约数
print('np.gcd.reduce([9, 12, 15])\n', np.gcd.reduce([9, 12, 15]))
#最小公倍数
print('np.lcm.reduce([9, 12, 15])\n', np.lcm.reduce([9, 12, 15]))
#向下取整
print('np.floor([1.2, 2.5])\n', np.floor([1.2, 2.5]))
#向上取整
print('np.ceil([1.2, 2.5])\n', np.ceil([1.2, 2.5]))
arr_7 = random.randint(100, size = (5, 3))
print("arr_7\n", arr_7)
#获取每一列最大值的索引
mc_index = arr_7.argmax(axis = 0)
print('mc_index\n', mc_index)
#获取与索引对应的数字
arr_7[mc_index, range(arr_7.shape[1])]
```

7.3　NumPy 与矩阵函数

矩阵函数是为了提高矩阵运算效率和便于用户使用而定义的数学函数,包括线性代数函数、矩阵比较函数、矩阵统计函数、矩阵三角函数等。

7.3.1　线性代数函数

线性代数主要研究向量、矩阵和线性方程组等,NumPy 提供矩阵的加法、减法、乘法、转置以及逆矩阵等基础函数。程序段 7.3.1 演示了点积函数的基本用法。

#7.3.1 点积函数的基本用法
```
import numpy as np
from numpy import linalg as LA          #导入线性代数计算库
```

```python
matrix_1 = np.array([[1, 2], [3, 4]])
matrix_2 = np.array([[2, 4], [6, 9]])
matrix_3 = np.array([[5, 6], [7, 8]])
print("matrix_1\n", matrix_1)
print("matrix_2\n", matrix_2)
print("matrix_3\n", matrix_3)
#点积函数
#(1 * 2) + (2 * 6) = 14 [0,0]
#(1 * 4) + (2 * 9) = 22 [0,1]
#(3 * 2) + (4 * 6) = 30 [1,0]
#(3 * 4) + (4 * 9) = 12 + 36 = 48 [1,1]
print(np.dot(matrix_1, matrix_2))
#两个或多个矩阵的连续点积
LA.multi_dot([matrix_1, matrix_2, matrix_3])
## =========================================
#矩阵内积
#(1 * 2) + (2 * 4) = 10 [0,0]
#(1 * 6) + (2 * 9) = 24 [0,1]
#(3 * 2) + (4 * 4) = 22 [1,0]
#(3 * 6) + (4 * 9) = 54 [1,1]
print(np.inner(matrix_1, matrix_2))
#注意与点积比较
print(np.dot(matrix_1, matrix_2))
## =========================================
#演示向量点积
#(1 * 1) + (2 * 2) + (3 * 3) + (4 * 4) = 30
#(5 * 1) + (6 * 2) + (7 * 3) + (8 * 4) = 70
matrix_5 = np.array([[[1, 2],[3, 4]],[[5, 6],[7, 8]]])
matrix_6 = np.array([[1, 2],[3, 4]], dtype = object)
print("matrix_5\n", matrix_5)
print("matrix_6\n", matrix_6)
np.tensordot(matrix_5, matrix_6)            #向量点积
```

7.3.2　矩阵比较函数

矩阵比较函数是对两个拥有相同维度的矩阵做元素层面的比较,返回结果为布尔型矩阵,矩阵的维度保持不变。程序段 7.3.2 演示了矩阵比较函数的基本用法。

```python
#7.3.2 矩阵比较函数的基本用法
import numpy as np
#给出两个相同维度的矩阵
matrix_1 = np.array([[2, 3], [4,5]])
matrix_2 = np.array([[3, 2],[1,5]])
print("matrix_1\n",matrix_1)
print("matrix_2\n",matrix_1)
#对两个矩阵的元素做比较,返回布尔值
np.greater(matrix_1, matrix_2)              #大于
np.greater_equal(matrix_1, matrix_2)        #大于或等于
np.less(matrix_1, matrix_2)                 #小于
np.less_equal(matrix_1, matrix_2)           #小于或等于
np.not_equal(matrix_1, matrix_2)            #不等于
np.equal(matrix_1, matrix_2)                #等于
```

7.3.3 矩阵统计函数

矩阵统计函数常见于数据处理和分析的场景,是对矩阵运用统计方法进行观察和理解的有力工具。矩阵统计函数包括求和函数、平均值函数、中位数函数、众数函数、方差函数、标准差函数、最大值函数、最小值函数等。

程序段7.3.3演示了部分统计函数的基本用法。

```
#7.3.3 部分统计函数的基本用法
import numpy as np
matrix_1 = np.array([[1, 2, 3], [4, 5, 6]])
print("matrix_1\n", matrix_1)
print(np.mean(matrix_1))        #计算沿指定轴的平均值或整个矩阵的均值
print(np.median(matrix_1))      #计算沿指定轴的中位数或整个矩阵的中位数
print(np.average(matrix_1))     #计算沿指定轴的加权平均值,不指定权重时与平均值相同
print(np.var(matrix_1))         #计算沿指定轴的方差或整个矩阵的方差
print(np.std(matrix_1))         #计算沿指定轴的标准差或整个矩阵的标准差
```

7.3.4 矩阵三角函数与可视化

三角函数是描述角度关系的数学函数,矩阵是用来描述线性变换的数学方法。矩阵的三角函数变换在科学工程领域有着极为广泛的应用。

程序段7.3.4演示了矩阵三角函数的基本用法。为了便于观察,同时增加了基于Matplotlib库的可视化设计,计算结果如图7.1所示。

```
#7.3.4 矩阵三角函数的基本用法,同时演示 Matplotlib 的绘图方法
import matplotlib.pyplot as plt              #导入绘图库
import numpy as np
#定义 X 轴数据,范围从 -2π 到 2π,生成 1000 个等差数
x = np.linspace(-np.pi * 2, np.pi * 2, 1000)
print(x[:10])                                #观察前 10 个元素
matrix_1 = np.array([x, x])                  #矩阵(2×1000)
print("matrix_1\n", matrix_1[:,:10])         #观察矩阵前 10 列元素
y_sin = np.sin(matrix_1[0])                  #对矩阵第一行计算正弦函数值
y_cos = np.cos(matrix_1[1])                  #对矩阵第二行计算余弦函数值
#根据指定尺寸创建图形和坐标轴
plt.figure(figsize = (8, 4))
#用矩阵第一行作为 X 轴绘制正弦函数曲线
plt.plot(matrix_1[0], y_sin, label = 'sin(x)', color = 'blue', linestyle = '-', linewidth = 2)
#用矩阵第二行作为 X 轴绘制余弦函数曲线
plt.plot(matrix_1[1], y_cos, label = 'cos(x)', color = 'red', linestyle = '--', linewidth = 2)
#设置标题和坐标轴标签
plt.title('Sine and Cosine Functions', fontsize = 16)
plt.xlabel('x', fontsize = 12)
plt.ylabel('y', fontsize = 12)
#添加图例
plt.legend(loc = 'upper right')
#添加网格
plt.grid(True, which = 'both', linestyle = '--', linewidth = 0.5)
#设置坐标轴范围和刻度
plt.xlim(-2 * np.pi, 2 * np.pi)
```

```
plt.ylim(-1.5, 1.5)
#自定义 X 轴刻度和 Y 轴刻度
plt.xticks(np.arange(-2 * np.pi, 2.5 * np.pi, np.pi), ['-2π', '-π', '0', 'π', '2π'])
plt.yticks(np.arange(-1, 1.5, 0.5))
#保存图形
plt.savefig("图7.1-函数曲线.png", format = 'png', dpi = 300, bbox_inches = 'tight')
plt.show()                    #显示图形
```

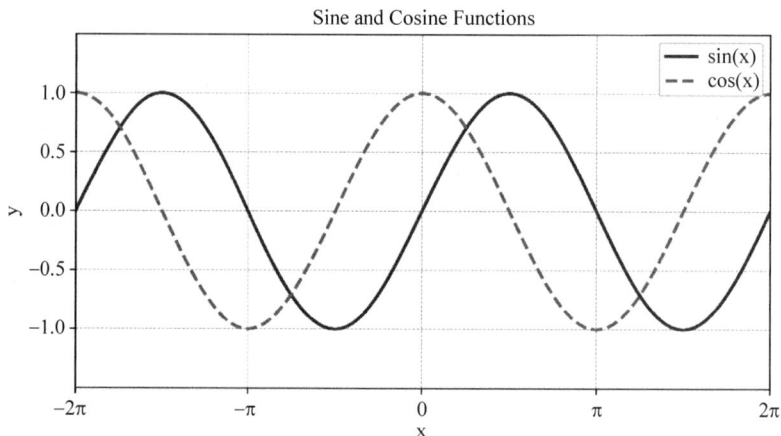

图 7.1　矩阵的正余弦函数计算结果与对比

程序段 7.3.4 解析如下。

(1) 准备绘图数据。使用 np.linspace()生成从 −2π 到 2π 的等差数列作为 X 轴取值范围,np.array([x, x])将横坐标组合为矩阵。

(2) 绘制曲线。调用 plt.plot()绘制正弦和余弦曲线,并分别设定不同的颜色、线型和宽度。

(3) 设置标题和标签。使用 plt.title()、plt.xlabel()、plt.ylabel()设置标题和坐标轴标签。

(4) 设置图例和网格。调用 plt.legend()添加图例,plt.grid()绘制网格。

(5) 自定义坐标轴刻度。设定 X 轴和 Y 轴的刻度范围,将 X 轴刻度显示为 π 的倍数。

程序段 7.3.4 对矩阵的正余弦函数计算结果进行可视化比较,演示了函数曲线、坐标轴刻度、标题、图例和网格等基础要素的绘图方法。矩阵的其他三角函数与反三角函数变换不再一一赘述。

7.4　NumPy 与文件读写

NumPy 擅长矩阵的并行计算,在数据处理方面也具备性能优势,适合数据吞吐量大、速度快的任务场景。NumPy 针对文件的读写操作,提供了高效的文件操作函数,包括读写文本文件、读写二进制文件、读写压缩文件三种类型。

7.4.1　读写文本文件

np.savetxt()和 np.loadtxt()适合读写小型文本数据集。程序段 7.4.1 演示了读写矩阵文件的基本方法。

```
♯7.4.1 读写矩阵文件的基本方法
import numpy as np
♯创建一个矩阵
matrix = np.array([[1.5, 2.5, 3.5], [4.5, 5.5, 6.5]])
♯保存矩阵到文本文件
np.savetxt("matrix.txt", matrix, delimiter = ',', fmt = '%.2f')    ♯fmt 用于指定数据格式
♯从文本文件中加载数据
loaded_data = np.loadtxt("matrix.txt", delimiter = ',')
print("读取文本文件到矩阵数组中:\n", loaded_data)
```

np.savetxt()将数组保存为可读的 txt 文件,delimiter 参数指定列之间的分隔符,fmt 参数指定数据格式。

np.loadtxt()将文件中的数据直接加载为 NumPy 数组,省去了数据类型转换,提高了数据处理效率。

7.4.2　读写二进制文件

np.save()和 np.load()读写 npy 格式的二进制文件,npy 格式的文件比 txt 文件更小,读写速度更快,适合保存和读取大型数组或复杂数据结构的应用场景。

程序段 7.4.2 演示了读写 npy 文件的方法。

```
♯7.4.2 读写 npy 格式文件的方法
import numpy as np
♯保存数据到 npy 文件
np.save("matrix.npy", matrix)
♯从 npy 文件中加载数据
loaded_data = np.load("matrix.npy")
print("从 npy 文件加载矩阵:\n", loaded_data)
```

np.save()将数组以 npy 格式的二进制文件保存,这种文件具备高效的数据压缩和快速读取能力。np.load()直接把从 npy 文件读取的数据转换为数组类型,提高了后续数据处理与计算的效率。

7.4.3　读写压缩文件

经常需要将多个矩阵一起保存,例如针对机器学习中的训练数据,可以将特征矩阵与标签矩阵集中的数据保存在同一文件中。使用 npz 格式可将多个矩阵压缩存储在一个文件中,借助 np.savez()和 np.load()完成矩阵压缩文件的快速读写。

程序段 7.4.3 演示了读写 npz 矩阵的基本方法。

```
♯7.4.3 读写 npz 格式矩阵的基本方法
import numpy as np
♯创建多个矩阵或数组
data1 = np.array([1, 2, 3])                      ♯一维数组1
data2 = np.array([[4, 5, 6], [7, 8, 9]])         ♯二维数组2,矩阵
♯保存多个数组到 .npz 文件
np.savez("data.npz", array1 = data1, array2 = data2)    ♯键值对
```

```
#从 npz 文件中加载数据
loaded_data = np.load("data.npz")
print("从 npz 文件读取数组 1:", loaded_data['array1'])
print("从 npz 文件读取矩阵 2:", loaded_data['array2'])
```

np.savez()将多个数组压缩存储在 npz 文件中,可以通过键值对的方式给每个数组命名。

np.load()读取 npz 文件时,可以通过键名返回各个数组。

NumPy 文件读写操作函数总结如下。

(1) np.savetxt / np.loadtxt:用于读写小型文本数据,数据可阅读性好。

(2) np.save / np.load:用于高效读写大型单数组数据,二进制格式。

(3) np.savez / np.load:用于保存多个数组至一个压缩文件,适合复杂数据结构。例如,在机器学习场景中,为了提高数据加载效率,可以将训练集中的图像特征矩阵和标签矩阵压缩到同一个文件中存储。

7.5　SciPy 科学计算与可视化

SciPy 是在 NumPy 基础上构建的数学算法和便捷函数的集合,是由 NumPy 衍生的高级工具包,这个工具包提供了若干复杂数学函数的功能实现,简化了计算任务的复杂度。这些函数包括聚类函数、傅里叶变换函数、微积分求解函数、插值和平滑样条函数、线性代数函数、N 维图像处理函数、稀疏矩阵处理函数和概率统计函数等。

7.5.1　最小值与可视化

可以使用 SciPy 库中的 optimize 模块求解最小值问题。定义目标函数 $f(x)=(x-3)^2$,然后使用 minimize()函数找到其最小值。

程序段 7.5.1.1 演示了求函数最小值的方法。

```
#7.5.1.1 求函数最小值的方法
import numpy as np
import matplotlib.pyplot as plt
from scipy.optimize import minimize
#定义目标函数
def f(x):
    return (x - 3) ** 2
#求解
initial_guess = 0              #初始猜测值,可以任意设定,例如 - 0.5
result = minimize(f, initial_guess)
#获取最小值点和对应的最小值
min_x = result.x[0]
min_f = result.fun
#绘制目标函数曲线
x_values = np.linspace(- 1, 7, 400)
y_values = f(x_values)
plt.figure(figsize = (8, 5))
plt.plot(x_values, y_values, label = r'$ f(x) = (x - 3)^2 $', color = 'purple')
```

```
plt.scatter(min_x, min_f, color = 'red', label = f'Minimum at x = {min_x:.2f}', zorder = 5)
plt.text(min_x + 0.5, min_f + 1, f"({min_x:.2f}, {min_f:.2f})", ha = 'right', color = "red")
#设置图形参数
plt.xlabel('$ x $', fontsize = 12)
plt.ylabel('$ f(x) $', fontsize = 12)
plt.title('Minimization of $ f(x) = (x - 3)^2 $')
plt.legend()
plt.grid(True)
#保存图形
plt.savefig("图7.2-目标函数最小值.png", format = 'png', dpi = 300, bbox_inches = 'tight')
#显示图形
plt.show()
#输出结果
print("最小值点 x = ", min_x)
print("最小值 f(x) = ", min_f)
```

绘制的目标函数曲线与求解的最小值如图7.2所示,求解结果一目了然。

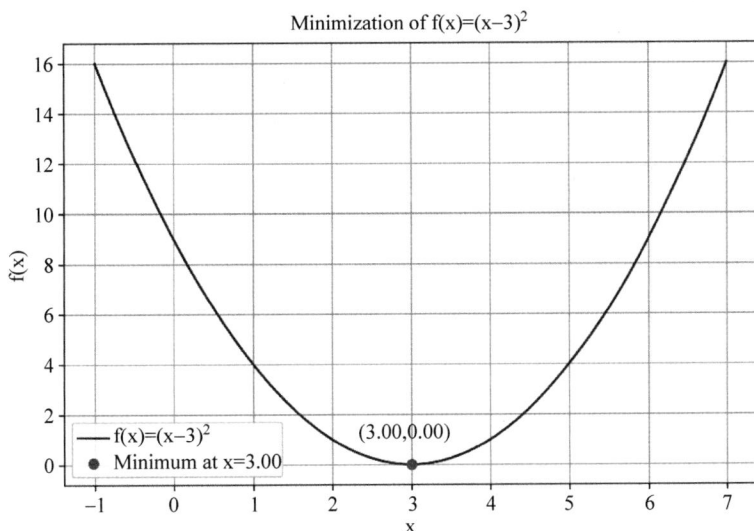

图7.2 目标函数最小值

再举一个二元目标函数的例子。目标函数为 $f(x,y) = (x-1)^2 + (y-2.5)^2$,约束条件为:

$$\begin{cases} x - 2y + 2 \geq 0 \\ -x - 2y + 6 \geq 0 \\ -x + 2y + 2 \geq 0 \\ x \geq 0 \\ y \geq 0 \end{cases}$$

程序段7.5.1.2演示了求函数 $f(x,y)$ 最小值的方法,使用Matplotlib绘制等高线图,标记出满足约束条件的区域和最小值。

```
#7.5.1.2 求解带约束条件的二元目标函数最小值的方法
import numpy as np
import matplotlib.pyplot as plt
```

```python
from scipy.optimize import minimize
# 定义目标函数, 参数 point 表示(x, y)
def objective(point):
    x, y = point
    return (x - 1) ** 2 + (y - 2.5) ** 2
# 定义约束条件
constraints = [
    {'type': 'ineq', 'fun': lambda point: point[0] - 2 * point[1] + 2},
    {'type': 'ineq', 'fun': lambda point: -point[0] - 2 * point[1] + 6},
    {'type': 'ineq', 'fun': lambda point: -point[0] + 2 * point[1] + 2},
    {'type': 'ineq', 'fun': lambda point: point[0]},   # x >= 0
    {'type': 'ineq', 'fun': lambda point: point[1]}    # y >= 0
]
# 初始猜测值
initial_guess = [0, 0]
# 求解最小化问题
result = minimize(objective, initial_guess, constraints = constraints)
# 提取最小值点
min_x, min_y = result.x
min_f = result.fun
# 创建目标函数的网格
x = np.linspace(-1, 5, 400)
y = np.linspace(-1, 5, 400)
X, Y = np.meshgrid(x, y)
Z = (X - 1) ** 2 + (Y - 2.5) ** 2
# 绘制等高线图
plt.figure(figsize = (8, 6))
contour = plt.contour(X, Y, Z, levels = 20, cmap = 'viridis')
plt.colorbar(contour)
# 定义并绘制约束区域
x_constraints = np.linspace(0, 5, 100)
y1 = (x_constraints + 2) / 2
y2 = (6 - x_constraints) / 2
y3 = (x_constraints - 2) / 2
# 绘制可行区域
plt.fill_between(x_constraints, y1, 5, where = (y1 <= 5), color = 'red', alpha = 0.1, label =
'Constraints')
plt.fill_between(x_constraints, y2, 5, where = (y2 <= 5), color = 'red', alpha = 0.1)
plt.fill_between(x_constraints, y3, 5, where = (y3 <= 5), color = 'red', alpha = 0.1)
# 绘制约束边界
plt.plot(x_constraints, y1, 'r--', label = r'$ x - 2y + 2 \geq 0 $')
plt.plot(x_constraints, y2, 'b--', label = r'$ -x - 2y + 6 \geq 0 $')
plt.plot(x_constraints, y3, 'g--', label = r'$ -x + 2y + 2 \geq 0 $')
# 标记最小值点
plt.plot(min_x, min_y, 'bo', markersize = 8, label = 'Minimum Point')
plt.text(min_x, min_y + 0.2, f"Minimum\n({min_x:.2f}, {min_y:.2f})", color = "blue", ha =
'right')
# 设置图形参数
plt.xlim(-1, 5)
plt.ylim(-1, 5)
plt.xlabel('$ x $', fontsize = 12)
plt.ylabel('$ y $', fontsize = 12)
plt.title('Contour Plot of $ f(x, y) = (x - 1)^2 + (y - 2.5)^2 $ with Constraints')
```

```
plt.legend(loc = 'upper right')
plt.grid()
♯保存图形
plt.savefig("图 7.3 - 二元目标函数最小值.png", format = 'png', dpi = 300, bbox_inches = 'tight')
♯显示图形
plt.show()
♯输出结果
print("最小值点 (x, y) = ", (min_x, min_y))
print("最小值 f(x, y) = ", min_f)
```

程序段 7.5.1.2 给出的求解结果如图 7.3 所示。在定义目标函数 $f(x,y)$ 的基础上,使用 np.meshgrid() 绘制二维网格,基于这些网格点计算函数值 Z,然后通过 plt.contour() 绘制等高线图。根据约束条件绘制限制区域的边界,并用 plt.fill_between() 填充满足约束的区域。添加图例和标题,标出满足所有约束条件的可行区域。

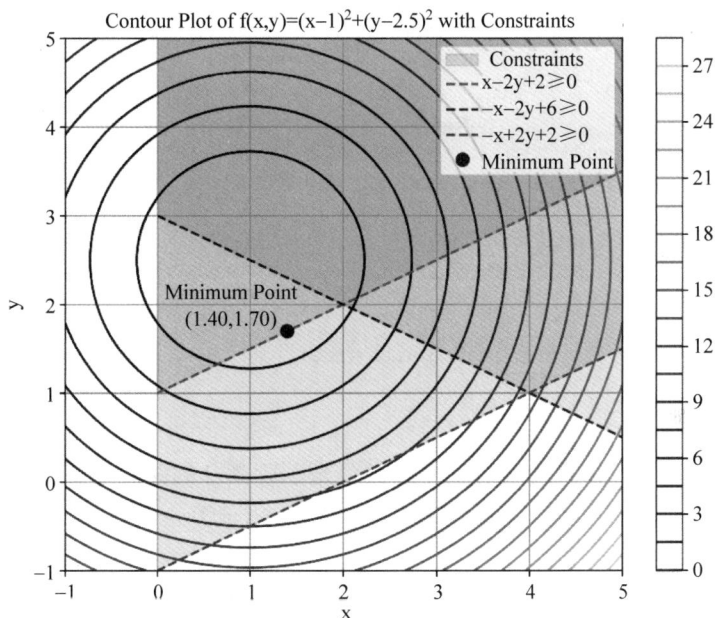

图 7.3　带约束的二元目标函数最小值

仔细观察图 7.3 不难发现,(0,0)、(0,1)、(2,2)、(4,1)4 个点围住的四边形区域显示了可行解的范围,在 (1.4, 1.7) 这个位置目标函数取得最小值。

7.5.2　微积分与可视化

可以使用 SciPy 库中的 derivative() 函数求解微分问题。定义目标函数 $f(x) = x^2 \sin(2x) e^{-x}$,然后求解其一阶微分和二阶微分并进行可视化绘图。

程序段 7.5.2.1 演示了计算函数微分的方法。

```
♯7.5.2.1 计算函数微分的方法
from scipy.misc import derivative
import numpy as np
import matplotlib.pyplot as plt
```

```
# 定义函数 f(x)
def f(x):
    return x ** 2 * np.sin(2 * x) * np.exp( - x)
# 使用 SciPy 的 derivative()函数计算一阶微分和二阶微分
dx = 1e - 6                                                          # 微分步长
f_prime = lambda x: derivative(f, x, dx = dx, n = 1)                 # 一阶微分
f_double_prime = lambda x: derivative(f, x, dx = dx, n = 2)          # 二阶微分
# 生成 x 的取值范围
x = np.linspace(0, 1, 100)
# 计算函数值、一阶微分和二阶微分
y = f(x)
y_prime = f_prime(x)
y_double_prime = f_double_prime(x)
# 绘制图形
plt.figure(figsize = (8, 6))
plt.plot(x, y, label = 'f(x) = x²sin(2x)e^( - x)')
plt.plot(x, y_prime, label = 'f \'(x)', linestyle = ' -- ')
plt.plot(x, y_double_prime, label = 'f \'\'(x)', linestyle = ' - . ')
# 标注图例
plt.legend()
# 设置 x 轴和 y 轴标签
plt.xlabel('x', fontsize = 12)
plt.ylabel('f(x), f\'(x), f\'\'(x)', fontsize = 12)
# 设置标题
plt.title('Function, First Derivative, and Second Derivative')
# 显示网格
plt.grid(True)
# 保存图形
plt.savefig("图 7.4 - 函数微分.png", format = 'png', dpi = 300, bbox_inches = 'tight')
# 显示图形
plt.show()
```

程序段 7.5.2.1 绘制的目标函数、一阶微分与二阶微分的曲线如图 7.4 所示。

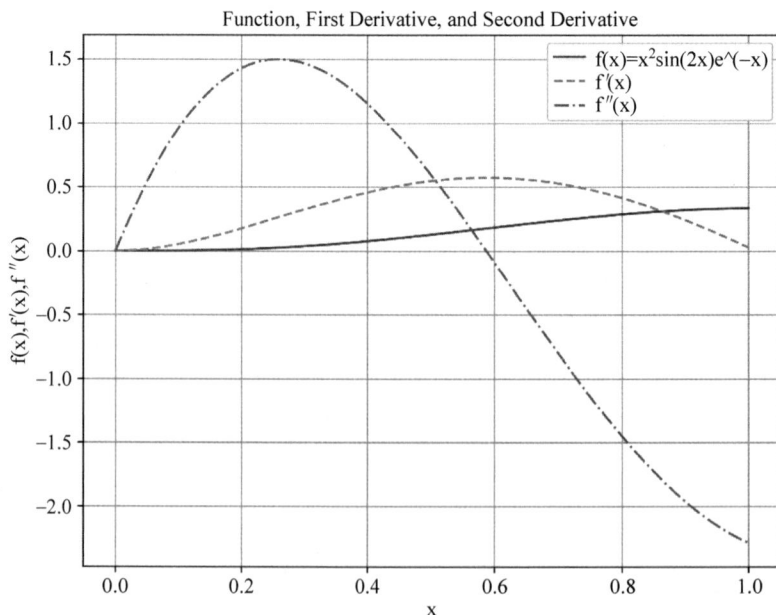

图 7.4　目标函数、一阶微分和二阶微分曲线

程序段 7.5.2.2 计算一重定积分 $\displaystyle\int_0^1 x^2\sin(2x)e^{-x}dx$，并绘制定积分图形，如图 7.5 所示。

```
#7.5.2.2 计算一重定积分的方法
from scipy.integrate import quad
import numpy as np
import matplotlib.pyplot as plt
#定义被积函数
integrand = lambda x: x ** 2 * np.sin(2 * x) * np.exp(-x)
#计算定积分
integral, integral_error = quad(integrand, 0, 1)
#打印积分结果和误差
print(f"定积分的结果为: {integral}")
print(f"积分计算的误差估计为: {integral_error}")
#生成 x 的取值范围用于绘图
x_values = np.linspace(0, 1, 400)              #使用 400 个点来绘制平滑的曲线
y_values = integrand(x_values)                 #计算对应 x 值下的函数值
#绘制函数曲线
plt.figure(figsize = (8, 4))
plt.plot(x_values, y_values, label = r'$ x^2 \sin(2x) e^{-x} $ ')
#填充积分区域的面积
plt.fill_between(x_values, y_values, where = (x_values >= 0) & (x_values <= 1), alpha = 0.3,
color = 'blue')
plt.axhline(0, color = 'black', linewidth = 0.5)         #添加 x 轴
plt.axvline(0, color = 'black', linewidth = 0.5)         #添加 y 轴
plt.xlabel('x', fontsize = 13)
plt.ylabel('f(x)', fontsize = 13)
plt.title('Function curve and integral area [0, 1]')
plt.legend(fontsize = 12)
plt.grid(True)
#标注定积分值
plt.text(0.8, max(y_values) * 0.4, f'integral value: {integral:.4f}', horizontalalignment =
'center', fontsize = 12)
#保存图形
plt.savefig("图 7.5 - 计算一重定积分.png", format = 'png', dpi = 300, bbox_inches = 'tight')
#显示图形
plt.show()
```

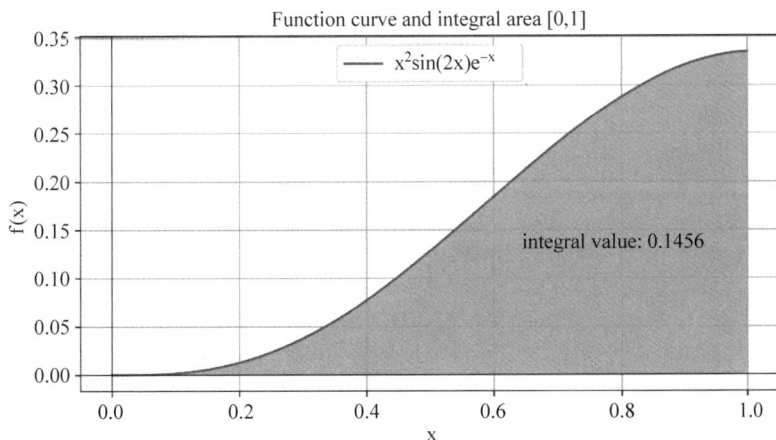

图 7.5　一重定积分计算结果

程序段 7.5.2.3 用 dblquad() 函数计算二重定积分 $\int_0^1 \int_{-x}^{x^2} \sin(x + y^2) dy dx$，计算结果如图 7.6 所示。

```python
#7.5.2.3 计算二重定积分的方法
import numpy as np
import matplotlib.pyplot as plt
from mpl_toolkits.mplot3d import Axes3D
from scipy.integrate import dblquad
#定义被积函数
integrand = lambda y, x: np.sin(x + y**2)
#定义积分区域的边界
lwr_y = lambda x: -x
upr_y = lambda x: x**2
lwr_x = 0
upr_x = 1
#为了绘图需要生成一个 x 和 y 的网格
x_vals = np.linspace(lwr_x, upr_x, 100)
y_vals = np.linspace(min(lwr_y(x_vals)), max(upr_y(x_vals)), 100)
X, Y = np.meshgrid(x_vals, y_vals)
Z = integrand(Y, X)          #注意 Y,X 的顺序,因为 meshgrid()返回的是 X,Y 的网格
#由于 meshgrid()生成的网格可能超出积分区域的边界,因此需要根据积分边界进行裁剪
valid_x = (X >= lwr_x) & (X <= upr_x) & (Y >= lwr_y(X)) & (Y <= upr_y(X))
X = X[valid_x]
Y = Y[valid_x]
Z = Z[valid_x]
#计算二重定积分
integral, integral_error = dblquad(integrand, lwr_x, upr_x, lwr_y, upr_y)
print(f"二重定积分的结果为: {integral}")
print(f"积分计算的误差估计为: {integral_error}")
#绘制三维曲面图形
fig = plt.figure(figsize=(8, 6))
ax = fig.add_subplot(111, projection='3d')
ax.plot_trisurf(X, Y, Z, cmap='viridis', edgecolor='none')   #使用'viridis'颜色映射
text_x, text_y, text_z = 0.85, 0.2, 0.2       #这些值可能需要根据实际图形进行调整
ax.text(text_x, text_y, text_z, f'integral value: {integral:.4f}', fontsize=12, color=
'black', ha='right')
#设置坐标轴标签和标题
ax.set_xlabel('x', fontsize=13)
ax.set_ylabel('y', fontsize=13)
#保存图形
plt.savefig("图 7.6 - 计算二重定积分.png", format='png', dpi=300, bbox_inches='tight')
#显示图形
plt.show()
```

7.5.3　离散傅里叶变换与可视化

离散傅里叶变换(Discrete Fourier Transform,DFT)是将时域或空间域的离散信号转换为频域信号。傅里叶变换在信号处理中十分重要,因为它可以揭示信号中隐藏的频率成分和周期性信息。

对于一个长度为 N 的离散信号 $x[n]$(其中 $n=0,1,2,\cdots,N-1$),离散傅里叶变换 $y[k]$

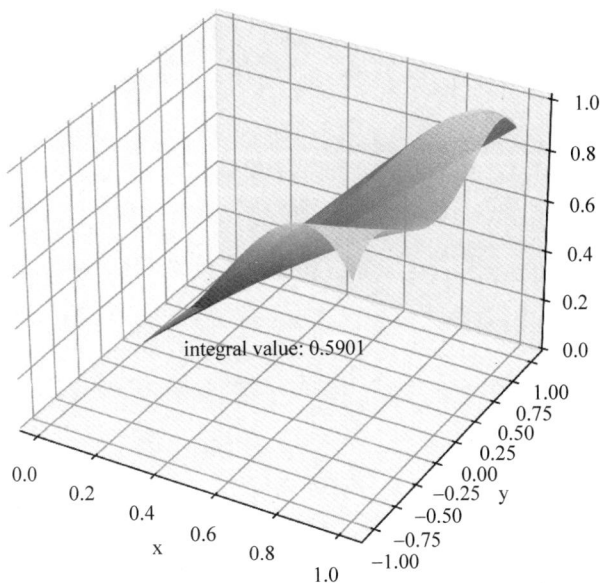

图 7.6 二重定积分计算结果

可以表示为：

$$y[k] = \sum_{n=0}^{N-1} x[n] \cdot e^{-j \cdot 2\pi kn/N}$$

其中，$k = 0, 1, 2, \cdots, N-1$ 表示频率索引，$e^{-j \cdot 2\pi kn/N}$ 是复数指数项，j 是虚数单位。

离散傅里叶变换的主要应用场景包括：

（1）频谱分析。DFT 可以揭示信号中的频率成分，用于分析信号的周期性、谐波等特征。

（2）滤波。在频域上对信号的频率分量进行操作，能够实现高效的信号滤波。

（3）图像处理。用于图像的压缩、去噪、特征提取等。

DFT 的直接计算复杂度较高，为 $O(N^2)$，而快速傅里叶变换（Fast Fourier Transform，FFT）采用一种高效的计算算法，能够将复杂度降低到 $O(N\log N)$。

逆离散傅里叶变换（Inverse Discrete Fourier Transform，IDFT）可以将频域信号转换回时域信号。计算公式表示为：

$$x[n] = \frac{1}{N} \sum_{k=0}^{N-1} y[k] \cdot e^{j \cdot 2\pi kn/N}$$

程序段 7.5.3 演示了离散傅里叶变换的计算方法，绘制的频谱变化曲线如图 7.7 所示。

```
♯7.5.3 离散傅里叶变换的计算方法
from scipy.fft import fft, fftfreq
import numpy as np
import matplotlib.pyplot as plt
♯生成信号
x = np.linspace(0, 10 * np.pi, 100)
♯两个频率成分叠加的信号并加上噪声
y = np.sin(2 * np.pi * x) + np.sin(4 * np.pi * x) + 0.1 * np.random.randn(len(x))
♯执行 FFT
```

```
N = len(y)
yf = fft(y)[:N // 2]                          #取前半部分的傅里叶变换结果
xf = fftfreq(N, np.diff(x)[0])[:N // 2]       # 对应的频率坐标
#绘制原始信号
plt.figure(figsize = (8, 4))
plt.subplot(2, 1, 1)
plt.plot(x, y, label = "Original Signal")
plt.xlabel("x", fontsize = 13)
plt.ylabel("y", fontsize = 13)
plt.title("Original Signal")
plt.legend()
#绘制 FFT 结果(频谱)
plt.subplot(2, 1, 2)
plt.plot(xf, np.abs(yf), color = "red", label = "FFT Magnitude")
plt.xlabel("Frequency")
plt.ylabel("Magnitude")
plt.title("FFT of the Signal")
plt.legend()
plt.tight_layout()
#保存图形
plt.savefig("图 7.7 - 离散傅里叶变换.png", format = 'png', dpi = 300, bbox_inches = 'tight')
plt.show()
```

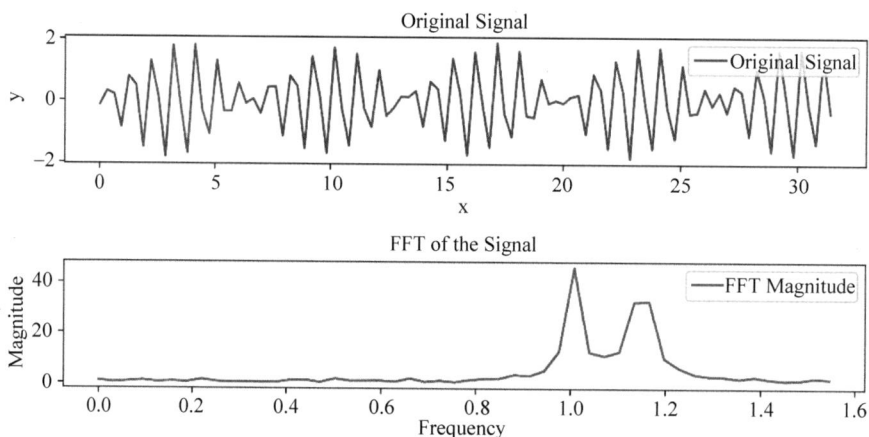

图 7.7 离散傅里叶变换

本章小结

NumPy 处理的核心结构是数组,包括数组的创建、索引、切片、矩阵运算以及数组文件读写等。SciPy 在 NumPy 基础上实现了功能更为复杂的计算单元,例如极值求解函数、微积分计算函数、离散傅里叶变换函数等。Matplotlib 用于绘制基础图形,为提高图形可读性,可以定制图形样式,添加坐标轴标签、刻度和图例等。

习题

一、思考题

1. 对科学计算逻辑或结果进行可视化的意义是什么?

2．NumPy 与 SciPy 提供了哪些基础的科学计算功能？

3．如何使用 Matplotlib 将计算结果以图形化形式展现？有哪些常见的图表类型？

4．科学计算与可视化在机器学习和数据科学中有哪些应用？举例说明。

5．从内存占用、运算效率、操作便捷性等方面进行分析，NumPy 数组与 Python 原生列表相比有哪些优势？

6．SciPy 中的优化模块可以解决哪些类型的问题？

7．在使用 Matplotlib 绘制图形时，如何设置图形的标题、坐标轴标签和图例？

8．从 NumPy 的并行计算和内存管理等高级特性看，如何利用 NumPy 进行大规模数据的处理和分析？

9．傅里叶变换在信号处理中有什么应用？如何帮助分析周期性数据？

二、编程题

1．创建两个不同的矩阵，分别进行行堆叠和列堆叠操作，验证堆叠结果。

2．创建一个包含随机数的数组，将其写入文本文件并重新读取，确保读入的数据与原数据一致。

3．创建三个不同的矩阵，将它们写入压缩文件并重新读取。

4．使用 NumPy 编写一段程序，生成一个包含正态分布随机数的数组，并计算其均值、标准差。绘制直方图展示数据的分布。

5．编写一段程序，实现向量和矩阵运算。用 NumPy 创建两个大小为 3×3 的随机矩阵，并实现矩阵加法、减法、乘法和转置运算。

6．定义一个二次函数，使用 SciPy 的最小化函数找到最小值并对结果进行可视化展示。

7．计算一个简单函数的微分和积分，用图像展示函数的变化趋势。

8．生成一个信号数据，对其进行离散傅里叶变换并可视化频域信息。

9．编写程序绘制多种常见图表。例如，随机给出一些模拟数据，使用 Matplotlib 绘制折线图、散点图和饼图，并对每个图表进行适当的标注和样式调整。

10．使用 NumPy 中 linalg 定义的 inv() 和 det() 函数，编程计算一个矩阵的逆矩阵和行列式。模拟数据请自行生成。

11．使用 SciPy 中 optimize 定义的 root() 函数来求解非线性方程组。非线性方程组请自行定义。

第8章

数据处理与可视化

【本章导读】

数据处理能够清洗、转换和整合数据,去除噪声、修正异常、填补缺失,保证数据的准确性。

数据可视化是将复杂的数据结构与数据关系转换为直观的图表,有助于揭示出数据间隐藏的信息和关联,进而有助于决策者快速获取关键信息、抓住主要矛盾和识别矛盾的主要方面。一句话,可视化是为了更容易、更直观地理解数据的真谛,让数据为决策服务。

可视化设计以数据处理为前提。本章提供三组教学案例,第一组以全球气象数据为背景演示数据科学中基础的数据处理与可视化方法;第二组将数据科学与生物信息相结合,演示基因转录、蛋白质翻译、生物序列比对和进化树构建;第三组将数据科学与地理空间数据相结合,演示地图绘制、标注、重构与计算等。

基础数据处理用 Pandas 库,生物数据处理用 Biopython 库,地理数据处理用 GeoPandas 库,绘图用 Matplotlib 库、Seaborn 库、Plotly 库或 Folium 库。这些库都与 Python 编程无缝集成,便捷高效。

【本章主要内容】

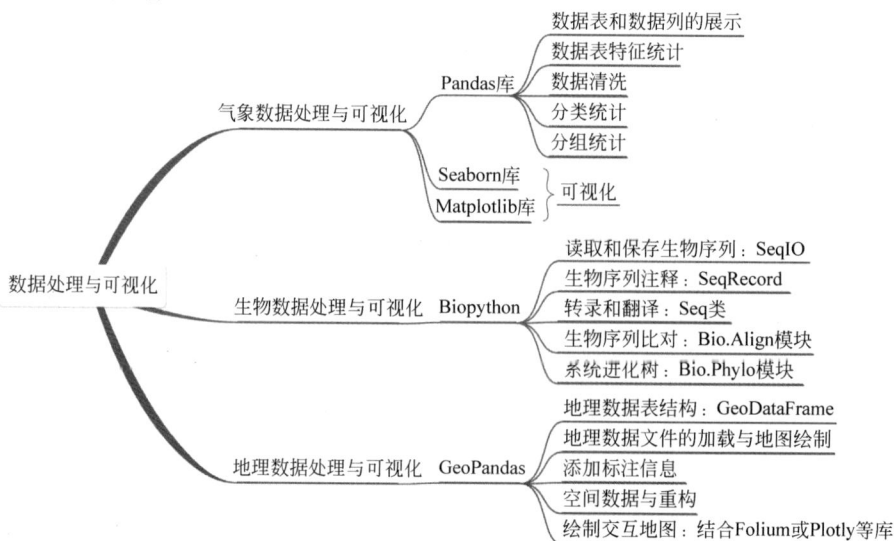

8.1 气象数据处理与可视化

本节采用的天气数据集 GlobalWeather,汇聚了世界各国代表性城市的每日天气数据,包括 20 多种气候特征,例如温度、湿度、风速、降水量、能见度、空气质量、大气压力等。这些数据提供了观察气候趋势的全球视角,可以帮助理解气候参数之间的关系、观察区域气候多样性以及探索未来气候演变趋势。

8.1.1 数据表与数据列

Pandas 将二维关系型数据组织为由行和列组成的二维数据表,称作 DataFrame。

DataFrame 是一个二维的数据结构,类似于 Excel 数据表或者数据库中的关系数据表,每一行代表一个数据记录,表示一个数据实体;每一列代表一个属性,称作 Series,列数据表示实体的一组特征。

程序段 8.1.1 读取 GlobalWeather 数据集,展示 DataFrame 与 Series 的基本结构信息与数据信息。为了便于读者学习,本章所有演示程序整理在名称为"第 8 章 数据处理与可视化.ipynb"的程序文档中,各程序段间是迭代演进的,导入的第三方库和变量定义都是全局可见的。

```
# 8.1.1 DataFrame 与 Series 的基本结构信息与数据信息
import pandas as pd
# 读取 CSV 文件
df = pd.read_csv("GlobalWeather.csv")
# 显示 DataFrame 的结构信息
print("\nDataFrame Info:")
print(df.info())
# 显示 DataFrame 前 5 行数据
print("DataFrame Structure:")
df.head()
# 显示 Series 的基本信息,以 'temperature_celsius' 列为例
print("\nSeries Info.")
print(df['temperature_celsius'].info())
# 显示 Series 的前 5 行数据
print("\nSeries Head.")
print(df['temperature_celsius'].head())
```

程序说明:

pd.read_csv("GlobalWeather.csv")用于读取 CSV 文件并将其存储在 df 中。

df.info()显示 DataFrame 的整体结构信息,包括列名、非空值的数量和数据类型。

df.head()显示 DataFrame 的前几行,便于快速观察和预览数据。

df['temperature_celsius'].info()显示单列结构信息。

df[' temperature_celsius ']提取单列的数据。

8.1.2 数据表特征统计

df.describe()对 DataFrame 中的数值列进行描述性统计,生成数据表的统计摘要。摘

要包含的统计信息如下。

（1）count：每一列中非空值的数量。

（2）mean：每一列的平均值。

（3）std：每一列的标准差，表示数据的离散程度。

（4）min：每一列的最小值。

（5）25％：每一列的第一四分位数。

（6）50％：每一列的中位数。

（7）75％：每一列的第三四分位数。

（8）max：每一列的最大值。

程序段 8.1.2 演示了 DataFrame 的统计性描述。

```
♯8.1.2 DataFrame 的统计性描述
♯生成统计摘要
df.describe()
♯统计数值列的数量
numeric_columns_count = df.select_dtypes(include = 'number').shape[1]
♯统计对象类型列的数量
categorical_columns_count = df.select_dtypes(include = 'object').shape[1]
♯显示统计结果
print(f'数值列：{numeric_columns_count} 列')
print(f'对象列(或分类列)：{categorical_columns_count} 列')
♯数据表的行列总数
print(f'数据表的行列总数：{df.shape}')
```

程序说明：

在 Pandas 中，object 类型通常用于存储字符串或分类数据。

df.select_dtypes(include＝'object')会筛选出 df 中所有数据类型为 object 的列，生成一个新的只包含 object 列的 DataFrame。

shape 是 DataFrame 的一个属性，返回一个元组，表示 DataFrame 的维度。shape[0]是行数，shape[1]是列数。

语句 df.select_dtypes(include＝'object').shape[1]的功能是统计 DataFrame 中所有"对象类型"（即 object 类型）列的数量。

8.1.3　数据清洗

数据清洗是数据处理过程的一个重要步骤，目的是提高数据质量和一致性。数据清洗工作通常体现在以下几方面。

（1）缺失值处理。删除缺失值记录、填补缺失值（如均值填充、插值法等）或标记缺失情况。

（2）重复值处理。删除或合并数据中的重复记录，某些情况下重复数据会对统计结果带来不良影响。

（3）异常值检测和处理。通过统计分析、箱线图等方法检测离群点，识别处理不符合正常分布的值或不合理的值，决定是否保留、调整或删除这些异常值。

（4）数据格式标准化。统一数据格式和单位，例如，规范化日期格式、货币单位、字符串编码等。

(5) 数据类型转换。根据数据分析的需求,对数据类型进行转换。例如,将数值型数据按照区间分段(如年龄段、房子建筑年代等)转换为类型数据,或将字符型转换为数值型。

(6) 噪声消除。清理文本数据中的噪声,例如处理自然语言数据时,往往需要去除多余的空格、标点符号、HTML 标签、表情符号等。

(7) 类别数据编码。对类别数据进行编码或转换,例如将文本型数据(如性别、图片类型等)转换为数值编码,或者为满足机器学习需要转换为独热编码。

(8) 数据一致性校验。检查和保证同一数据在不同数据表之间的一致性,数据表之间的外键约束要符合规范,确保业务逻辑的正确性和可靠性。

程序段 8.1.3 从缺失值、重复值、唯一性和一致性等角度举例说明数据清洗的基本方法。

```
♯8.1.3 数据清洗的基本方法
♯检查缺失值
missing_values = df.isnull().sum()
print("按列统计缺失值数量: \n", missing_values)
♯汇总缺失值数量
missing_nums = df.isnull().sum().sum()
if missing_nums > 0:
    print(f"数据表缺失值总数: {missing_nums}")
else:
    print(f"数据表无缺失值。")
♯统计重复值出现的行数
duplicates_count = df.duplicated().sum()
print(f"重复值出现的行数: {duplicates_count}")
♯对不规范的国家名称予以修正,保证数据一致性
df['country'] = df['country'].apply(lambda x: 'Colombia' if x == 'كولومبيا' else x)
df['country'] = df['country'].apply(lambda x: 'Turkey' if x == '火鸡' else x)
df['country'] = df['country'].apply(lambda x: 'Poland' if x == 'Польша' else x)
df['country'] = df['country'].apply(lambda x: 'Turkey' if x == 'Турция' else x)
df['country'] = df['country'].apply(lambda x: 'Guatemala' if x == 'Гватемала' else x)
♯统计国家和地区数量
unique_countries = df['country'].nunique()
num_unique_countries = df['country'].unique()[ 50:]
print(f'数据表包含的国家和地区数量为: {unique_countries}')
print(f'国别这一列出现在后面的 50 个国家名称: \n {num_unique_countries}.')
```

8.1.4 分类统计与可视化

描述性统计、分类统计、分组统计都是基础的统计方法,是为了更好地理解数据的分布特点、集中趋势、离散程度和关联关系等。

常见的可视化方法包括绘制分布图(如直方图、密度图、箱线图、小提琴图等),绘制关系图(如散点图、气泡图、配对图等),绘制类别图、时间序列图以及其他特殊图表。

程序段 8.1.4.1 基于区域国家或地区进行分类统计,绘制柱状图,展示气象资料记录条数排名前 10 的国家或地区之间的对比关系,如图 8.1 所示。

```
♯8.1.4.1 分类统计并绘制柱状图
import seaborn as sns
```

```
sns.set_palette("Set2")                                 #设置调色板
#按照国家或地区统计资料库中记录的数量,取排名前10的国家或地区
top_countries = df['country'].value_counts().nlargest(10).index
filtered_df = df[df['country'].isin(top_countries)]        #过滤数据表,得到新表
#根据国家或地区绘制统计图
plt.figure(figsize = (8, 4))
country_counts = sns.countplot(data = filtered_df, x = 'country', order = top_countries)
#统计数字标注到柱形图上
for p in country_counts.patches:
    count_value = int(p.get_height())
    country_counts.annotate(f'{count_value}',
        (p.get_x() + p.get_width() / 2., p.get_height()),
        ha = 'center', va = 'bottom', fontsize = 10, color = 'black',
        xytext = (0, 5), textcoords = 'offset points',
        bbox = dict(facecolor = 'white', edgecolor = 'black', boxstyle = 'round,pad = 0.5'))
#设置标题和坐标轴
plt.title('Count of Weather Records by Top Countries', fontsize = 14, fontweight = 'bold')
plt.xlabel('Country', fontsize = 14)
plt.ylabel('Count', fontsize = 14)
plt.xticks(rotation = 45)
plt.tight_layout()
#保存图形
plt.savefig("图 8.1 - 不同国家或地区气象统计.png", format = 'png', dpi = 300, bbox_inches =
'tight')
#显示图形
plt.show()
```

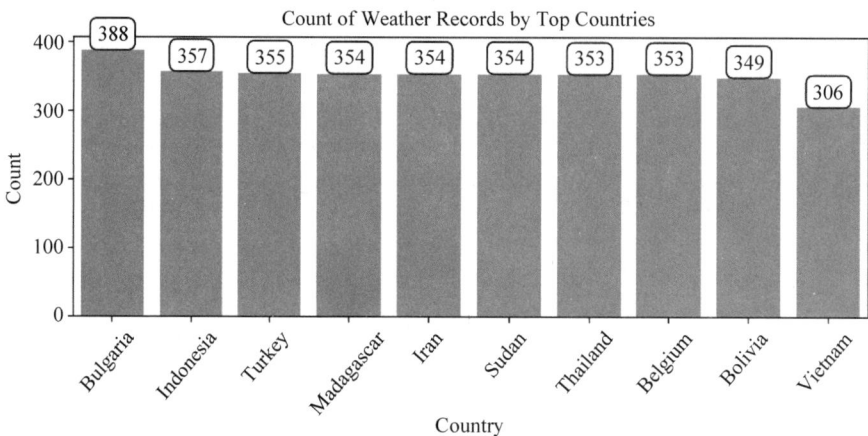

图 8.1　气象记录出现次数最多的 10 个国家或地区

程序段 8.1.4.2 根据月相、天气描述、风向、国家或地区四个维度遍历数据表并做分类统计,把排名前 6 的类别及占比绘制成饼形图(简称饼图)。饼形图展示各类数据所占的比例,凸显类别与比例特征,如图 8.2 所示。

```
#8.1.4.2 分类统计与绘制饼形图
sns.set_palette("Set2")                                 #设置调色板
#定义筛选列,包括月相、天气描述、风向、国家或地区
categorical_columns = ['moon_phase', 'condition_text', 'wind_direction', 'country']
```

```
#定义子图布局
fig, axes = plt.subplots(2, 2, figsize = (10, 8))    #根据子图数量做行列数调整
axes = axes.flatten()                                #扁平化子图数量以便于迭代
#生成一个包含6种颜色的调色板
pastel_colors = sns.color_palette("Set2", n_colors = 6)
#遍历数据表
for i, col in enumerate(categorical_columns):
    #提取统计数排前6的记录
    top_6_values = df[col].value_counts().nlargest(6)
    #根据统计结果绘制饼形图
    top_6_values.plot(kind = 'pie', autopct = '%1.1f%%', ax = axes[i], startangle = 0, colors =
pastel_colors)
    #设置标题和标签
    axes[i].set_title(f"{col}", fontweight = 'bold')
    axes[i].set_ylabel('')
    axes[i].axis('equal')
#保存图形
plt.savefig("图8.2-饼形图统计.png", format = 'png', dpi = 300, bbox_inches = 'tight')
#显示图形
plt.tight_layout()
plt.show()
```

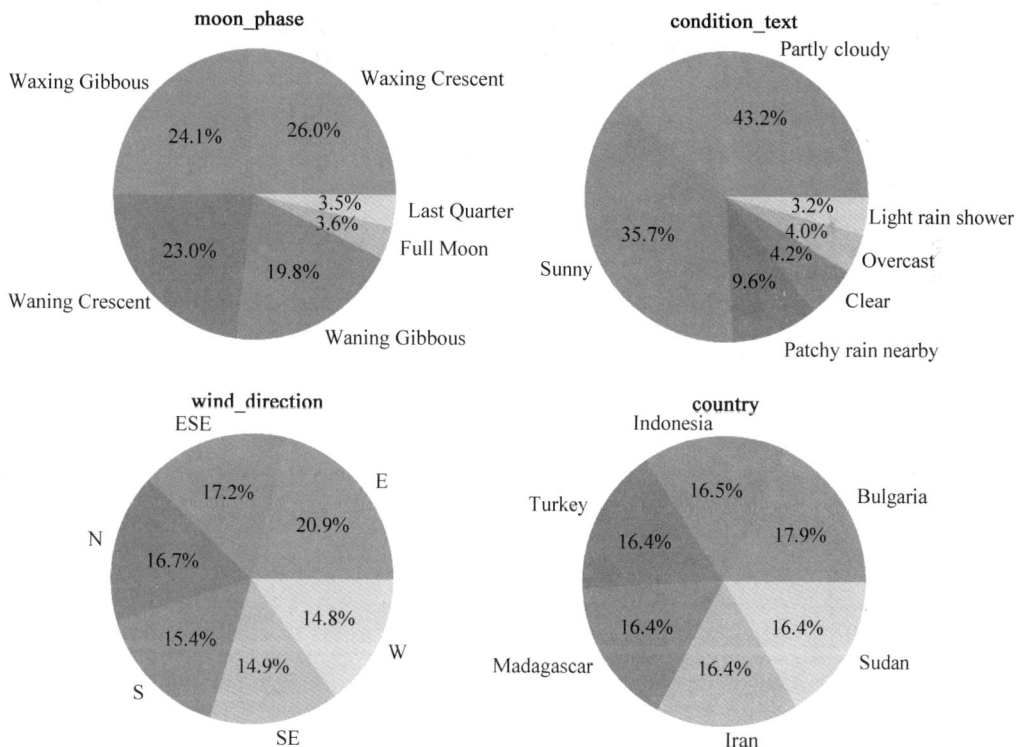

图 8.2 月相、天气描述、风向、国家或地区 4 个维度的分类饼形图

在月相饼图中,占比最高的是上弦月(Waxing Crescent),为 26%。占比最低的是下弦月(Last Quarter),为 3.5%。统计资料中满月(Full Moon)出现的次数占比跟下弦月相近。

风向饼图中,占比最高的是东风(E),为 20.9%。

天气描述饼形图中,占比最高的为多云,其次为晴天(Sunny 和 Clear),二者合计占整个统计资料的 83.1%。

上述判断仅限于基于数据表提供的数据做出的分析,如果统计的数据范围和数据量发生变化,统计结果自然会跟着变化。

8.1.5 分组统计与可视化

Pandas 的分组统计函数 DataFrame.groupby 能够高效地从数据表中提取有意义的统计结果,适用于分类汇总、数据转换和分组操作,是数据处理的基础技能之一。

程序段 8.1.5 根据不同地区的温度值,绘制区域热力等值线图。

```
♯8.1.5 分组统计与可视化演示
import plotly.express as px                     ♯ pip install plotly == 5.24.1
♯按国家分组计算平均气温
country_avg_temp = sampled_df.groupby('country', as_index = False)['temperature_celsius'].
mean()
country_avg_temp.rename(columns = {'temperature_celsius': 'Average_Temperature'}, inplace =
True)
♯合并原数据表和平均气温结果
df_with_avg = pd.merge(df, country_avg_temp, on = 'country')
♯根据国家和平均气温生成新的数据表,保留其他列
result = df_with_avg[['country', 'Average_Temperature', 'location_name']].drop_duplicates()
♯ print(result)
♯绘制区域的等值线图,根据温度值标识颜色
fig = px.choropleth(
    result,                                     ♯ 由于数据不充分,因此这种标识不代表真实情况
    locations = 'country',
    locationmode = 'country names',
    color = 'Average_Temperature',              ♯ 根据地区温度值设定颜色值的标识区域范围
    hover_name = 'location_name',               ♯ 鼠标悬停时显示地区名称
    title = '<b>Distribution of Locations by Country</b>',
    template = 'plotly_white'
)
fig.update_layout(
    width = 600,                                ♯ 宽度
    height = 400,                               ♯ 高度
    showlegend = False
)
♯绘图结果显示到浏览器中
fig.show(renderer = 'browser')
```

8.1.6 绘制三维散点图

绘制三维散点图,主要作用是在三维空间中展示数据点的分布,结合交互功能,可以清晰地观察多维数据之间的关系和模式。

程序段 8.1.6 根据 GlobalWeather 表中的 condition_text 列,绘制温度、湿度和风速的三维散点图,变换国家和地区的观察视角,可以基于 9 种天气状况充分观察到区域气候的特性,理解区域间的相似或差异之处,如图 8.3 所示。

```
#8.1.6 三维散点图演示
#类型转换,字符串转换为日期类型
df['last_updated'] = pd.to_datetime(df['last_updated'])
#创建三维散点图
fig = px.scatter_3d(df,
                    x = 'temperature_celsius',
                    y = 'humidity',
                    z = 'wind_mph',
                    color = 'condition_text',
                    animation_frame = 'country',      #动态维度
                    title = '3D Scatter Plot of Weather Data',
                    labels = {
                        'temperature_celsius': 'Temperature (℃)',
                        'humidity': 'Humidity ( % )',
                        'wind_mph': 'Wind Speed (MPH)',
                    })
#更新绘图界面与轨迹
fig.update_traces(marker = dict(size = 3))               # size 表示绘图点大小
fig.update_layout(
    width = 800,                                         #宽度
    height = 600,                                        #高度
    scene = dict(
        xaxis_title = 'Temperature (℃)',
        yaxis_title = 'Humidity ( % )',
        zaxis_title = 'Wind Speed (MPH)'
    ),
    title = dict(
        text = '3D Scatter Plot of Weather Data',
        font = dict(size = 20, family = "Arial", color = "black", weight = "bold")   #标题样式
    )
)
#绘图结果显示到浏览器中
fig.show(renderer = 'browser')
```

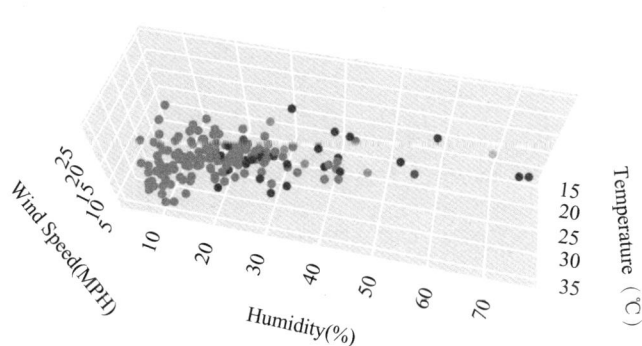

图 8.3　对不同区域的 9 种天气情况实施动态观察与理解

8.1.7 绘制直方图

直方图是一种柱状图,将观察的数据分成若干小区间("柱子""组"或"桶"),统计每个小区间的数据数量或比例,据此绘制的图形能够反映数据的整体分布特征。

直方图虽然也有柱状条,但不同于柱状图。直方图用于连续数据,柱状图用于分类数据(离散数据)。直方图的柱状条之间没有间隔,柱状图的柱状条之间有间隔。

在直方图中,柱状条的宽度表示区间的范围,高度表示这个区间范围的数据数量或比例。柱状条之间通常没有间隙,因为数据是连续的。

程序段8.1.7根据数据表中温度、湿度、气压、臭氧水平、体感温度等列的数据绘制直方图,从各个维度揭示数据分布规律,如图8.4所示。

```python
#8.1.7 绘制直方图
# 确定观察的数据列
selected_columns = [
    'temperature_celsius',
    'pressure_mb', 'pressure_in',
    'humidity', 'feels_like_celsius',
    'air_quality_Ozone'
]
# 定义子图布局
n_cols = 3                                          # 每行绘制 3 列子图
n_rows = (len(selected_columns) + n_cols - 1) // n_cols        # 计算子图行数
fig, axes = plt.subplots(n_rows, n_cols, figsize=(10, 3 * n_rows))
axes = axes.flatten()        # 将二维子图数组展平为一维数组,方便遍历和操作每个子图
# 设置调色板,颜色数量根据列数确定
set2_palette = sns.color_palette("Set2", n_colors=len(selected_columns))
# 绘制每一列的直方图
for i, col in enumerate(selected_columns):
    sns.histplot(df[col], ax=axes[i], bins=30, kde=True, color=set2_palette[i])
    axes[i].set_title(col)
    axes[i].set_xlabel(col)
    axes[i].set_ylabel('Frequency')
# 删除没有绘制的子图
for j in range(i + 1, len(axes)):
    fig.delaxes(axes[j])
# 标题
plt.suptitle('Distribution of Weather Data columns', fontsize=16, fontweight='bold')
# 保存图形
plt.savefig("图 8.4 - 直方图.png", format='png', dpi=300, bbox_inches='tight')
# 显示图形
plt.tight_layout(rect=[0, 0, 1, 0.95])
plt.show()
```

程序段8.1.7采用了Seaborn的sns.histplot()函数绘制直方图,同时绘制了概率密度曲线。其中参数bins-30指定了直方图小区间(组)的数量,意味着将数据划分为30个区间(30个柱状条),区间宽度是自动计算的。

通过调整bins值,可以控制直方图的细腻程度或平滑度。较大的bins值会生成更多的柱状条,反映更为精细的数据分布。

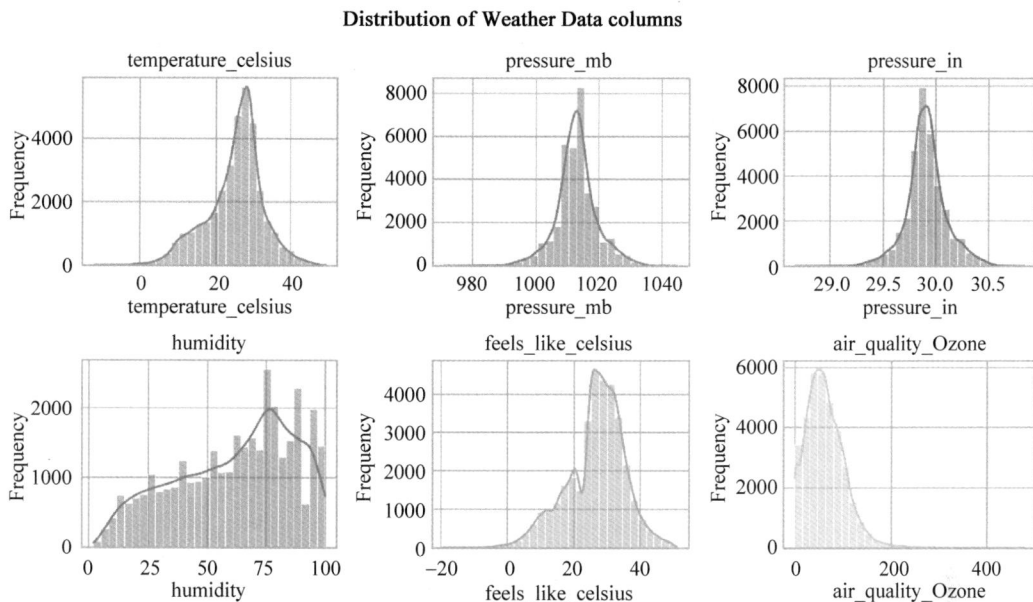

图 8.4 从 6 个维度观察气象状况与分布

参数 kde＝True 控制是否绘制核密度估计（Kernel Density Estimation，KDE）曲线。KDE 曲线是一种平滑的概率密度曲线，帮助理解数据的分布形状与趋势。

8.1.8 绘制箱线图

箱线图（box plot）是一种高效的可视化工具，帮助理解数据的分布、集中趋势、离散程度以及异常值，适用于数据探索、数据集比对以及检视数据的对称性或偏态性。

标准的箱线图由以下几部分构成。

（1）箱体。

箱体的上边缘是第三四分位数（Q3），下边缘是第一四分位数（Q1），箱体的高度表示占比 50％ 的中间数据的范围（Interquartile Range，IQR）。

（2）中位线。

在箱体内，通常会有一条线，将箱体分为两部分，这条线表示数据的中位数，即第二四分位数（Q2），也称中位线，代表数据的中央位置。

（3）须（whiskers）。

箱线图又称盒须图。须是从箱体延伸出来的线段，有时也称"外限线"或"延伸线"，表示数据中去除异常值后的最大值和最小值距离箱体的范围。

一般情况下，下须线的端点不会低于 Q1－1.5 IQR，上须线的端点不会超过 Q3＋1.5 IQR。如果须的端点没有超出上述范围，则须的端点就是数据的最大值或最小值。如果须的端点超出了范围，则被认为是异常值（离群值）。异常值远离箱体的范围，可能表示数据中的异常波动或错误。用于人类能力表达时，异常值代表的也可能是某种天赋异禀。

箱线图通过三个分位数、箱体、须，清晰地展示了数据的分布情况，凸显数据的集中趋势、离散程度以及对称性。

程序段 8.1.8 绘制了多个数值列的箱线图，包括其中的异常值。根据 PM2.5 和 PM10

两列数据绘制的箱线图如图 8.5 所示。

```
#8.1.8 绘制包含异常值(离群值)的箱线图
#选择数字列
numeric_columns = df.select_dtypes(include = ['number']).columns
outliers = {}                        #记录异常值
#计算 IQR
for column in numeric_columns:
    Q1 = df[column].quantile(0.25)
    Q3 = df[column].quantile(0.75)
    IQR = Q3 - Q1
    lower_bound = Q1 - 1.5 * IQR
    upper_bound = Q3 + 1.5 * IQR
    #标识异常值
    outliers[column] = df[(df[column] < lower_bound) | (df[column] > upper_bound)]
#设置绘图布局
num_cols = 5
num_rows = (len(numeric_columns) + num_cols - 1) // num_cols
plt.figure(figsize = (20, num_rows * 4))
#绘制箱线图
for i, column in enumerate(numeric_columns):
    plt.subplot(num_rows, num_cols, i + 1)
    sns.boxplot(y = df[column], palette = 'Set2')
    #添加箱线图上下边界线
    plt.axhline(y = lower_bound, color = 'red', linestyle = '--', label = 'Lower Bound')
    plt.axhline(y = upper_bound, color = 'blue', linestyle = '--', label = 'Upper Bound')
    plt.title(column)
    plt.xlabel('')
    #添加图例
    plt.legend(loc = 'upper right', bbox_to_anchor = (1.2, 1))
plt.tight_layout()
plt.show()
```

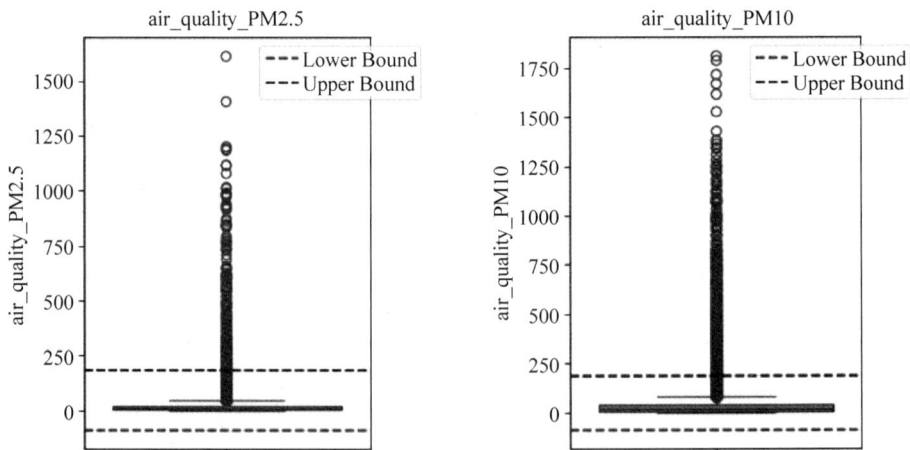

图 8.5　根据 PM2.5 和 PM10 两列数据绘制的箱线图

　　箱线图非常适合用来识别数据中的异常值,这些异常值通常位于"须"的外部,远离数据的主要分布区域。如图 8.5 所示,在 PM2.5 和 PM10 这两个指标上,存在显著的异常值。

　　图 8.5 中过多的异常值影响了对箱体的整体观察,为此本节实验文档中给出了剔除异

常值的箱线图,如图 8.6 所示。根据中位线在箱体中的位置以及须的长度可以判断数据的对称性。若中位线接近箱体的中间,并且须的长度对称,则数据大致呈正态分布;如果中位线偏离箱体中心或一侧的须特别长,则说明数据可能有偏态(左偏或右偏)。

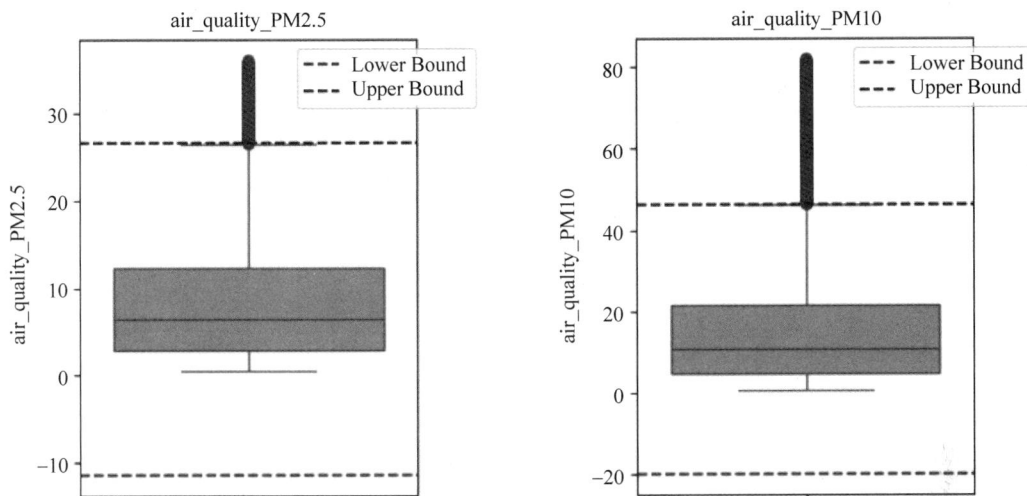

图 8.6　剔除异常值的 PM2.5 和 PM10 箱线图

8.1.9　绘制小提琴图

小提琴图(violin plot)因图形形状类似于小提琴而得名。小提琴图兼具箱线图和核密度估计(KDE)图的功能,既体现数据分布的全貌,又反映数据集中趋势、分布范围和密度变化等信息。

根据部分国家和地区的气温变化,程序段 8.1.9 演示了绘制小提琴图的基本方法,图 8.7 给出的是印度尼西亚的雅加达和巴厘岛两地气温的分布与对比关系。

```
#8.1.9 绘制小提琴图的基本方法
#根据地区分组统计记录数量,选取记录数最多的 20 个地区作为观察对象
top_countries = df['country'].value_counts().nlargest(20).index.tolist()
#根据筛选出的地区名名称,对数据表做筛选
df_top_20_countries = df[df['country'].isin(top_countries)]
#定义绘图布局
cols = 2
rows = int(np.ceil(len(top_countries) / cols))
#绘制子图
fig, axs = plt.subplots(rows, cols, figsize = (12, 5 * rows))
axs = axs.flatten()   #Flatten the axes array for easier indexing
#标题
fig.suptitle('Violin Plots of Temperature in Celsius for Top 20 Countries', fontsize = 16,
fontweight = 'bold')
#选择摄氏温度这一列作为观察窗口,绘制每个国家的气温分布小提琴图
for i, country in enumerate(top_countries):
    sns.violinplot(data = df_top_20_countries[df_top_20_countries['country'] == country],
                x = 'location_name', y = 'temperature_celsius', ax = axs[i])
    axs[i].set_title(f'Violin Plot of Temperature in Celsius for {country}', fontweight = 'bold')
    axs[i].set_xlabel('Location Name')
```

```
    axs[i].set_ylabel('Temperature (℃)')
    axs[i].tick_params(axis = 'x', rotation = 45)
    axs[i].grid()
#删除不需要绘制的子图
for j in range(i + 1, len(axs)):
    axs[j].axis('off')
#调整布局
plt.tight_layout(rect = [0, 0, 1, 0.95])
plt.show()
```

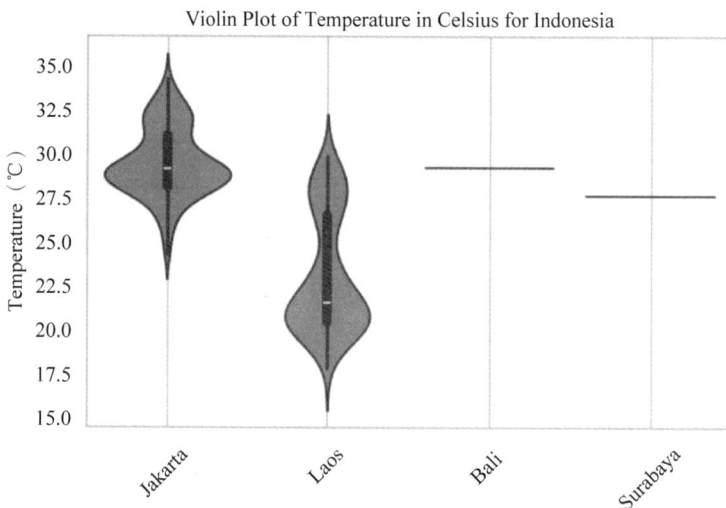

图 8.7　雅加达和巴厘岛气温分布与对比关系

小提琴图的轮廓线也称密度曲线,代表了数据的概率密度分布,即数据在不同值域上的相对频率。宽的部分表示数据在该位置密度高,窄的部分表示比较稀疏。

根据小提琴图形的对称性,可以判断数据是对称还是偏态。小提琴图中间的实线表征的是中位数、四分位数,类似箱线图的作用。

8.2　生物数据处理与可视化

生物数据处理的起点是基因或蛋白质序列,如基因组、转录组、蛋白质组、代谢组等,这些数据的可视化对于研究人员理解、分析和探索生命奥秘至关重要。可视化有助于发现隐藏在生物序列背后的模式、关系和趋势,提升数据的解读效果。

Biopython 是面向计算分子生物学的编程工具包,通过创建高质量、可重用的模块和类,解决生物信息学的数据挖掘和解析等工作。本节以 Biopython 库提供的函数为基础,讲解生物序列处理和分析的基本方法。Biopython 可以处理多种数据格式,如 BLAST、Clustalw、FASTA、GenBank 等,可以在线访问 NCBI 等服务的应用接口。

8.2.1　生物序列对象

生物序列对象是指在生物信息学中,用来表示生物分子(如 DNA、RNA 或蛋白质)序列的数据结构对象,是基因组学、转录组学、蛋白质组学等领域的核心数据类型。通过对生物序列对象的分析,研究人员可以获得关于基因、功能、结构、进化等方面的重要信息。

生物序列常见操作有序列文件读写、序列注释、拼接、转录、翻译、比对、聚类、序列 GC 含量计算、功能域识别以及对序列做特征编码等。

DNA 序列对象由 4 种核苷酸组成:腺嘌呤(A)、胸腺嘧啶(T)、胞嘧啶(C)、鸟嘌呤(G)。DNA 序列通常用字符串的形式表示,如"AATGCATGCT",代表了 DNA 链中的碱基顺序。

FASTA 是用于存储生物序列(如 DNA、RNA 或蛋白质)的常见文件类型,FASTA 文件通常包含一个或多个序列,每个序列都有一个描述行和序列行。

(1) 描述行。以>开头,提供序列的标识符和附加信息,如序列的名称、来源、功能等。

(2) 序列行。不以>开头,包含实际的 DNA、RNA 或蛋白质的序列,通常以多行展示。

下面是一段用于描述胰岛素序列的 FASTA 格式的数据。

```
> AAA59172.1 insulin [Homo sapiens]
MALWMRLLPLLALLALWGPDPAAAFVNQHLCGSH…
```

RNA 序列对象与 DNA 序列类似,但 RNA 中的胸腺嘧啶(T)被尿嘧啶(U)替代。因此,RNA 序列包含的 4 种碱基为:腺嘌呤(A)、尿嘧啶(U)、胞嘧啶(C)、鸟嘌呤(G)。

mRNA 是从 DNA 转录出来的 RNA,携带了编码蛋白质的遗传信息。

蛋白质序列也称氨基酸序列,一般由 20 种氨基酸组成,氨基酸之间通过肽键构成蛋白质链。每个氨基酸可用一个字母表示。例如:A 代表丙氨酸,G 代表甘氨酸,M 代表甲硫氨酸。"AGVCPS"表示一个长度为 6 的氨基酸序列。

GenBank 是另一种用于存储基因序列和注释信息的文件格式。与 FASTA 简单的格式不同,除了序列本身,GenBank 还包含了关于序列的更多结构信息。

数据处理过程中,生物序列通常表示为字符串、列表或自定义对象。Biopython 是专门用于处理生物序列对象的编程库,DNA、RNA、蛋白质序列被定义为 Seq 对象。

生物序列的基本操作如下。

(1) 转录。将 DNA 序列转录为 RNA 序列。

(2) 翻译。将 RNA 序列翻译成蛋白质序列。

(3) 比对。通过比对工具(如 BLAST)或编程工具将查询序列与数据库中的已知序列进行比对,寻找相似性,构建进化树等。

(4) 序列分析。包括寻找基因、启动子、终止子、内含子、外显子、结合位点、变异点等。

程序段 8.2.1 演示了定义和处理生物序列的 Seq 对象和 SeqRecord 对象的基本方法。

```
#8.2.1 定义和处理生物序列的 Seq 对象和 SeqRecord 对象的基本方法
# 导入 Biopython 库,需要预安装: pip install biopython
from Bio import SeqIO, SearchIO
from Bio.Seq import Seq
from Bio.SeqRecord import SeqRecord
n = 'ATGACGGATCAGCCGCAAGCGGAATTGGCGTTTACGTAC'        # 核苷酸序列
aa = 'MMMELQHQRLMALAGQLQLESLISAAPALSQQAVDQEWSYMDFL'   # 蛋白质序列
seq_n = Seq(n)                                        # 将字符串转换为序列类
seq_aa = Seq(aa)
print('DNA 互补链: ', seq_n.complement())
```

```
print('DNA 反向互补链: ', seq_n.reverse_complement())
print('蛋白质序列无意义: ', seq_aa.reverse_complement())       # 蛋白质序列无意义
seq_record = SeqRecord(seq_n)                                # 定义 SeqRecord 对象
seq_record.id = "ABC12345"                                   # 指定 ID
seq_record.description = 'Neucleotide sequence'              # 描述
seq_record.annotations['molecule_type'] = 'DNA'             # 注释
SeqIO.write(seq_record,"./working/my_seq.fasta","fasta")    # FASTA 格式
SeqIO.write(seq_record,"./working/my_seq.gb","genbank")     # GenBank 格式
# 可以看到 FASTA 格式没有保存相关的注释数据
print('\n查看 FASTA 文件中是否包含注释信息:')
read_seq1 = SeqIO.read('./working/my_seq.fasta','fasta')
print(read_seq1.annotations)                                 # 输出注释信息
# GenBank 格式保存了完整的数据
print('\n查看 GenBank FASTA 文件中是否包含注释信息: ')
read_seq2 = SeqIO.read('./working/my_seq.gb','genbank')
print(read_seq2.annotations)                                 # 输出注释信息
```

8.2.2　读写生物序列文件

读写生物序列文件是基因组学、转录组学、蛋白质组学等领域常见的基本操作，Biopython 提供了丰富的工具来处理这些任务。

Biopython 提供了 SeqIO 模块来方便地读取和保存各种生物序列文件。

程序段 8.2.2 演示了读写 FASTA 格式文件的基本方法。

```
# 8.2.2 读写 FASTA 格式文件的基本方法
from Bio import SeqIO
from Bio.Seq import Seq
from Bio.SeqRecord import SeqRecord
# 读取 FASTA 文件
single_fasta = './genbank/example.fasta'                     # 核苷酸序列
fasta_n = SeqIO.read(single_fasta,'fasta')
print(f'\nFASTA 文件内容:')
print(fasta_n)
print(f'\n 序列长度: {len(fasta_n)}')
seq_fasta = fasta_n.seq                                      # 提取序列
print('\n 序列特征和注释:')
print(fasta_n.features)                                      # 有的文件只包含基本信息
print(fasta_n.annotations)
# 读取包含多个序列的 FASTA 文件
multi_fasta = './genbank/NC_005816.faa'                      # 蛋白质序列
iter_multi_fasta_aa = SeqIO.parse(multi_fasta,'fasta')
lst_fasta_aa = [] # # 创建一个列表用来保存 FASTA 文件中的氨基酸序列
for seq_aa in iter_multi_fasta_aa:
    lst_fasta_aa.append(seq_aa)                              # 添加氨基酸序列至列表
print(f'包含的序列数量: {len(lst_fasta_aa)}')
print(f'\n 第一个序列: \n{lst_fasta_aa[0]}')
# 通过遍历列表逐一输出所有序列
for seq in lst_fasta_aa:
print(seq)
# 创建 SeqRecord 对象
seq = Seq("ATGCGTACGTA")
```

```
record = SeqRecord(seq, id = "seq1", description = "Example sequence")
♯写入 FASTA 文件
with open("output.fasta", "w") as output_handle:
    SeqIO.write(record, output_handle, "fasta")
```

GenBank 格式文件的操作方法,请参照本节实验文档。

读写文件的关键步骤如下。

(1) 读取生物序列。使用 SeqIO. parse()读取多种格式的生物序列文件,返回 SeqRecord 对象,包含序列信息和注释信息。

(2) 保存生物序列。使用 SeqIO. write()将 SeqRecord 对象写入不同格式的文件。

Biopython 支持多种常见的生物序列文件格式,包括 FASTA、GenBank、EMBL、Clustal 等。

8.2.3　生物序列注释

在基因组学和功能基因组学的研究中,给生物序列添加注释是一个常见的任务。注释是体现序列特征的一种元数据,如序列名称、物种类型、基因的功能、基因的起始和终止位置、可变剪接、结构域等。

SeqRecord 对象包含属性 annotations,是一种字典结构,用于存储序列的注释信息。通过 annotations 属性可以为 SeqRecord 对象添加各种注释。

SeqRecord 对象是一种表达生物序列的重要数据结构,主要属性解析如下。

(1) seq:序列信息,是一个 Seq 对象。

(2) id:序列唯一标识。

(3) name:序列名称。

(4) description:序列描述信息。

(5) annotations:一个字典对象,用于保存与序列相关的元数据或注释信息。例如:基因描述(功能、来源等)、基因组位置、序列的其他特征信息(如基因的起始和终止位置、编码区域、CDS 等)、其他附加信息(如物种信息、参考文献、实验条件等)。

一些常见的注释字段如下。

molecule_type:指示分子的类型(如 DNA、RNA、Protein)。

topology:指示分子的拓扑结构(如 linear 或 circular)。

organism:表示序列来源的物种(如 Homo sapiens)。

taxonomy:生物的分类信息,可以是一个列表,列出该物种的分类等级。

source:提供序列的来源,如实验样本或数据库的名称。

comment:可以存储自由文本注释,通常用于描述该序列的某些特征信息。

Features:结构特征信息,是一个 SeqFeature 对象。

letter_annotations:序列中每个字母(位置)的注释。

dexrefs:数据库的引用注释。

基因组注释中经常需要标记基因、启动子、CDS(编码序列)等特征。这些信息可以通过 SeqFeature 来表示,并通过 features 属性添加到 SeqRecord 对象中。

程序段 8.2.3 演示了添加注释的基本步骤。

```
#8.2.3 添加注释的基本步骤
from Bio.Seq import Seq
from Bio.SeqRecord import SeqRecord
#创建一个简单的 DNA 序列
seq = Seq("ATGCGTACGTA")
#创建一个 SeqRecord 对象
record = SeqRecord(seq, id = "seq1", description = "Example DNA sequence")
#添加注释信息
record.annotations["molecule_type"] = "DNA"
record.annotations["organism"] = "Homo sapiens"          #物种信息
record.annotations["source"] = "NCBI GenBank"            #数据来源
record.annotations["comment"] = "这个序列片段来自基因组 X"     #其他自由文本注释
#打印注释信息
print("Annotations:", record.annotations)
#为序列添加 CDS 注释
from Bio.SeqFeature import SeqFeature, FeatureLocation
#创建一个简单的 DNA 序列
seq = Seq("ATGCGTACGTA")
#创建 SeqRecord 对象
record = SeqRecord(seq, id = "seq1", description = "Example DNA sequence with CDS")
#添加 CDS 特征：起始位置为 0,终止位置为 6
cds_feature = SeqFeature(FeatureLocation(0, 6), type = "CDS")
#将 CDS 特征添加到 features 列表中
record.features.append(cds_feature)
#打印 SeqRecord 对象和其特征
print("ID:", record.id)
print("Description:", record.description)
print("Sequence:", record.seq)
print("Features:", record.features)
```

添加注释的步骤归纳如下。

（1）添加注释信息。通过 SeqRecord.annotations 属性,可以为生物序列添加各种元数据。

（2）添加特征。通过 SeqRecord.features 属性,可以为序列添加多个特征,如 CDS、启动子等。

（3）保存注释信息。可以使用 SeqIO.write()将带有注释和特征的 SeqRecord 对象保存为 GenBank 等格式的文件。

8.2.4　转录和翻译

转录和翻译是基因表达的两个关键步骤,是生命体从基因向功能转化的桥梁。

转录是从 DNA 到 RNA 的合成过程,基因的 DNA 序列被转录成 mRNA(信使 RNA),这是基因表达的第一步。

翻译是从 mRNA 到蛋白质的合成过程。mRNA 携带了从 DNA 中读取的遗传信息,进入细胞质中参与蛋白质合成。mRNA 通过核糖体和 tRNA 的协同作用被"翻译"成特定的氨基酸序列,这些氨基酸序列进一步折叠成具有特定功能的蛋白质。

转录和翻译产生的高通量数据(如 RNA-seq、ChIP-seq、质谱数据等)为生物信息学的大数据分析提供了重要的基础。

转录遵循的规则是将 DNA 中的 A 替换为 U、T 替换为 A、C 替换为 G、G 替换为 C。Biopython 提供 Seq 类和 transcribe()方法完成转录过程。

翻译遵循的规则是将 mRNA 中的密码子翻译为氨基酸。密码子与 tRNA 携带的反密码子配对实现翻译过程。Biopython 提供 Seq 类和该类的 translate()方法完成翻译过程。

程序段 8.2.4 基于新型冠状病毒的一个完整基因组,演示了转录和翻译的编码过程,输出结果如图 8.8 所示。

```
#8.2.4 转录和翻译的编码过程
from Bio import SeqIO
import pandas as pd
#读取 FASTA 文件中的 DNA 序列
virus_fna = './coronavirus-genome-sequence/MN908947.fna'     #新型冠状病毒基因组文件
virus_SeqRec = SeqIO.read(virus_fna,'fasta')
virus_Seq = virus_SeqRec.seq
#转录过程
rna_sequence = virus_Seq.transcribe()
#输出转录后的 mRNA 序列
print("转录后的 mRNA 序列: \n ", rna_sequence[:100])
print("转录后的 mRNA 序列总长度:", len(rna_sequence))
#翻译过程
translation = rna_sequence.translate()
#默认翻译的密码子表为 standard, 即标准密码子表,对于某些使用非标准密码子的生物序列,可以
#通过设置参数'table'改变密码子表使用情况
#translation = rna_sequence.translate(table = 6)   #采用原生动物(纤毛虫)密码子表进行比对
print(f'翻译后的氨基酸序列总长度: {len(translation)}')
#输出翻译后的氨基酸序列
print("翻译后的氨基酸序列: ", translation[:100])
#氨基酸序列拆分,寻找长度大于或等于 20 的序列
proteins = []
for i in translation.split('*'):                    #蛋白质序列按终止密码子(*)进行分隔
    if(len(i) > 19):
        proteins.append(str(i))
#组合为数据表 DataFrame
df = pd.DataFrame({'protein_chains':proteins})
df['length'] = df['protein_chains'].apply(len)
#按蛋白质链长度排序,并选择前 10 个最长的蛋白质链
df = df.sort_values(by = ['length'],ascending = False) [:10]
display(df.head())
#输出长度最长的蛋白质序列
one_large_protein = df.nlargest(1,'length')         #选择最长的蛋白质链
single_prot = one_large_protein.iloc[0,0]           #获取最长蛋白质链的序列
#将最长蛋白质链保存到 FASTA 文件
with open("./working/protein.fasta","w") as file:
    file.write("> large protein\n" + single_prot)
```

程序段 8.2.4 首先从 FASTA 文件中读取病毒基因组的 DNA 序列,并将其转录为 mRNA 序列,然后翻译为氨基酸序列。

氨基酸序列中的 * 表示遇到了终止密码子后结束了一段翻译过程,根据符号 * 可以将翻译后的序列分隔为若干蛋白质链。

程序段 8.2.4 对翻译后的蛋白质链进行遍历,筛选出长度大于或等于 20 的蛋白质链,按长度降序排序,从中选出最长的一个,将其保存到 FASTA 文件中。

转录后的 mRNA 序列: AUUAAAGGUUUAUACCUUCCCAGGUAACAAACCAACCAAC

转录后的 mRNA 序列总长度: 29903

翻译后的氨基酸序列总长度: 9967

翻译后的氨基酸序列: IKGLYLPR*QTNQLSISCRSVL*TNFKICVAVTRLHA*CT

> 只显示前40个氨基酸，
> *表示翻译过程的终点

	protein_chains	length
48	CTIVFKRVCGVSAARLTPCGTGTSTDVVYRAFDIYNDKVAGFAKFL...	2701
61	ASAQRSQITLHINELMDLFMRIFTIGTVTLKQGEIKDATPSDFVRA...	290
68	TNMKIILFLALITLATCELYHYQECVRGTTVLLKEPCSSGTYEGNS...	123
62	AQADEYELMYSFVSEETGTLIVNSVLLFLAFVVFLLVTLAILTALR...	83
67	QQMFHLVDFQVTIAEILLIIMRTFKVSIWNLDYIINLIIKNLSKSL...	63

图 8.8　转录和翻译结果

8.2.5　生物序列比对

生物序列比对是将两条或多条生物分子序列(通常是 DNA、RNA 或蛋白质序列)按照一定的规则进行相互比较,以识别它们之间的相似性、差异性和演化关系。序列比对是分子生物学中非常重要的一项技术,在基因组学、蛋白质结构预测、物种分类、变异检测等领域应用广泛。

常见的比对工具有 BLAST、ClustalW、Clustal Omega、MUSCLE、MAFFT、T-Coffee等。比对模式分为全局比对(global alignment)、局部比对(local alignment)和多序列比对(multiple sequence alignment)。

(1) 全局比对:比对整个序列,通常用于序列长度相似的情况。

(2) 局部比对:只对序列中的相似区域进行比对,常用于序列长度差异较大的情况。

(3) 多序列比对:将三个或更多的生物序列进行比对,以识别它们之间的相似性、保守区域和演化关系。与两条序列的比对不同,多序列比对需要考虑更多的因素,因此其算法更为复杂。

Biopython 提供 Bio. Align 模块支持序列比对。其中 PairwiseAligner 支持两条序列的局部或全局比对,MultipleSeqAlignment 用于多序列比对。由于多序列比对算法比较复杂,因此 Biopython 提供了与外部工具(如 BLAST、ClustalW、MUSCLE 等)的交互调用接口。

程序段 8.2.5 基于人类胰岛素和家牛胰岛素的蛋白质序列,演示了全局比对的编程方法,序列比对结果如图 8.9 所示。

```
#8.2.5 两条蛋白质序列做全局比对
#两条蛋白质序列的全局比对
from Bio. Align import PairwiseAligner
from Bio. Align import substitution_matrices
#人类胰岛素序列
pseq1 = "MALWMRLLPLLALLALWGPDPAAAFVNQHLCGSHLVEALYLVCGERGFFYTPKTRREAEDLQVGQVELGGGPGAGSLQP
LALEGSLQKRGIVEQCCTSICSLYQLENYCN"
#家牛胰岛素序列
pseq2 = "MALWTRLRPLLALLALWPPPPARAFVNQHLCGSHLVEALYLVCGERGFFYTPKARREVEGPQVGALELAGGPGAGGLEGP
PQKRGIVEQCCASVCSLYQLENYCN"
#创建 PairwiseAligner 对象,用于两条序列的比对
aligner = PairwiseAligner()
```

```
#设置比对模式为全局比对
aligner.mode = "global"
#使用 BLOSUM62 矩阵(通常用于蛋白质序列比对)
aligner.substitution_matrix = substitution_matrices.load("BLOSUM62")
#设置匹配得分、错配得分、空缺罚分
aligner.match_score = 2            #匹配得分为 2
aligner.mismatch_score = -1        #错配得分为 -1
aligner.gap_score = -2             #空缺罚分为 -2
aligner.open_gap_score = -4        #空缺开局罚分为 -4
aligner.extend_gap_score = -1      #空缺延伸罚分为 -1
#执行比对
alignments = aligner.align(pseq1, pseq2)
#打印比对结果
i = 0
for alignment in alignments:
    i += 1
    print(f'方案:{i},得分: {alignment.score} ')
    print(alignment)
```

```
方案1得分: 151.0
target        0 MALWMRLLPLLALLALWGPDPAAAFVNQHLCGSHLVEALYLVCGERGFFYTPKTRREAED
                0 ||||.||.|||||||||.|.||.|||||||||||||||||||||||||.|.
query         0 MALWTRLRPLLALLALWPPPPARAFVNQHLCGSHLVEALYLVCGERGFFYTPKARREVEG

target       60 LQVGQVELGGGPGAGSLQPLALEGSLQKRGIVEQCCTSICSLYQLENYCN 110
               60 .||||..||.||||||-----.|||.|||||||||||.|.||||||||||| 110
query        60 PQVGALELAGGPGAG-----GLEGPPQKRGIVEQCCASVCSLYQLENYCN 105
```

图 8.9　人类与家牛胰岛素序列全局比对方案一

程序段 8.2.5 同时输出了三种比对方案,详情参见本节实验文档。虽然三种比对模式略有差异,但是其评分与图 8.9 给出的方案一是相同的。

本节实验文档中还给出了人类与野猪的胰岛素序列的全局比对,得分为 169;也做了野猪与家牛胰岛素序列全局比对,得分为 162。从比对的结果来看,至少在胰岛素序列这个层面,野猪距离人类更近,家牛则距离野猪更近。

8.2.6　系统进化树

系统进化树又称系统发育树或谱系树,是表示物种之间进化关系的一种树状结构图。树的形状和结构反映的是物种之间的亲缘关系,树中节点代表一个物种、一个基因、一个蛋白质或者其他分类单元,而树的分支则表示这些单元之间的演化关系以及进化距离。

序列比对是绘制进化树的基础,它确保了物种或基因之间的相似性和差异性能正确地反映在进化树中。进化树的构建依赖于比对后的数据,错误的比对会导致错误的进化关系。

常见的进化树构建算法如下。

(1)邻接法。邻接法是一种基于距离矩阵的树构建方法,根据物种之间的相似度或差异度(距离矩阵)推导出进化树。

(2)最大简约法。最大简约法是基于最小化进化树中变异的假设,即选择一个树形,使得树上所有分支的变异(突变)最小化。

(3)最大似然法。最大似然法是一种统计推断方法,基于给定的进化模型和观察到的数据,选择最有可能的树形。

（4）贝叶斯推断法。这是一种基于贝叶斯统计的树推断方法，通过计算树的后验概率来推导最可能的树。

（5）最小进化法。最小进化法也是基于距离矩阵的推断方法，选择最小化树上所有分支的"总进化距离"来构建树。

Biopython 提供模块 Bio. Phylo 用于读取、操作和绘制系统进化树。

程序段 8.2.6 基于 7 个蛋白质的比对序列，演示了用邻接法构建进化树的基本方法，绘制的进化树如图 8.10 所示。

```
#8.2.6 邻接法绘制进化树
from Bio import AlignIO
alin2 = AlignIO.read("./genbank/PF05371_seed.aln", "clustal")     #读取序列
#序列长度
print("Size (length):", alin2.get_alignment_length())
#显示序列
for record in alin2:
print(f'Sequence: {record.seq}, ID: {record.id}')
#计算距离矩阵
print('距离矩阵: ')
calculator = DistanceCalculator('identity')                       #序列相似度距离
dist_mat = calculator.get_distance(alin2)                         #返回距离矩阵
print(dist_mat)
#基于距离矩阵,用邻接法构建进化树
constructor = DistanceTreeConstructor(calculator,'nj')
tree = constructor.build_tree(alin2)
print(tree)
#绘制进化树
fig,axes = plt.subplots(1,1,figsize = (11,4))
treep = Phylogeny.from_tree(tree)
Phylo.draw(treep,axes = axes)
```

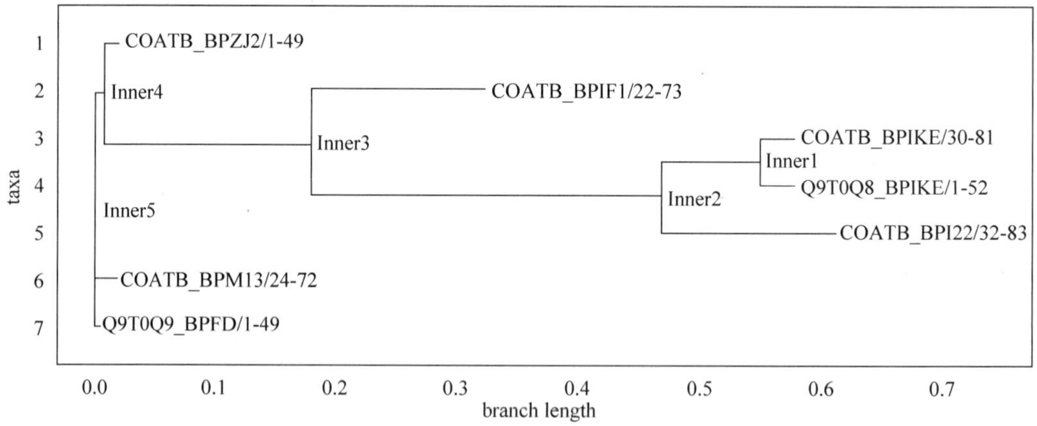

图 8.10　基于 7 种蛋白质序列推断的进化树

8.3　地理数据处理与可视化

GeoPandas 继承自 Pandas，支持各种基本的 Pandas 数据操作，如处理缺失数据与数据分组、聚合、透视、排序等，用 GeoPandas 可以像处理普通数据一样处理空间数据。

利用 GeoPandas 分析城市的土地和资源分布,如商业、餐饮、绿地、水体等,可以为规划者提供决策支持;通过 GeoPandas 加载路网数据,结合交通流量,可以评估交通拥堵状况并提出改善措施;GeoPandas 还可以用于农业用地、森林覆盖率、农田种植结构等场景的分析和规划。

8.3.1　地理数据表结构

GeoDataFrame 和 GeoSeries 是 GeoPandas 库中用来处理地理空间数据的两个核心数据结构,二者分别继承自 Pandas 的 DataFrame 和 Series,并在地理空间数据方面做了扩展。

GeoDataFrame 是用于定义地理空间数据的数据表,包括若干行和列。每一行代表一个地理实体,每一列代表地理实体的一种属性,用 GeoSeries 定义。

GeoDataFrame 数据表的基本结构如图 8.11 所示。其中,geometry 列用于存储地理对象的空间坐标数据,一般是点、线、面等表示的几何数据;data 表示地理实体的其他属性,如地理名称、人口数量、区域面积等;index 表示数据表的索引。

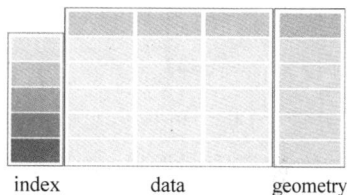

图 8.11　GeoDataFrame 数据表的基本结构

程序段 8.3.1 用 GeoSeries 定义了三个点表示一组地理实体(模拟三个餐馆的坐标),定义了两个多边形(三角形和四边形模拟两个商业街区)表示为另一组地理实体,然后将其分别组合为两个 GeoDataFrame 数据表,根据数据表绘制的商业区和餐馆分布如图 8.12 所示。

```
#8.3.1 用地理数据构建 GeoSeries 和 GeoDataFrame,绘制地图
# pip install geopandas
import geopandas as gpd
import matplotlib.pyplot as plt
import re
from shapely.geometry import Point, Polygon
plt.rcParams["font.family"] = "SimSun"              #支持绘图中的中文显示
#8.3.1.1 用地理数据构建 GeoSeries 和 GeoDataFrame,绘制地图
# 用 GeoSeries 定义由三个点组成的列,表示三个餐馆的坐标
points = gpd.GeoSeries([Point(0.5, 0.5), Point(2.2, 1.0), Point(3, 1.5)])
#定义由两个多边形组成的列,表示两个商业区
polygons = gpd.GeoSeries([Polygon([(0, 0), (1, 1), (1, 0)]), Polygon([(2, 1), (2.5, 2.5),
(4, 1), (3, 0)])])
print('\n 三个餐馆的几何坐标数据: ', points)
print('\n 两个多边形的几何数据: ', polygons)
# 创建 GeoDataFrame
points_df = gpd.GeoDataFrame({'ID': [1, 2, 3], 'geometry': points})
polygons_df = gpd.GeoDataFrame({'ID': [1, 2], 'name':['三角形', '四边形'], 'geometry':
polygons})
print('\n 这是一个 GeoDataFrame\n', points_df)
print('\n 这是一个 GeoDataFrame\n', polygons_df )
# 创建图形和坐标轴对象
fig, ax = plt.subplots(figsize = (4,3))
points_df.plot(ax = ax, color = 'red')                #绘制餐馆坐标位置
polygons_df.plot(ax = ax, alpha = 0.4)                #绘制商业区
plt.savefig("图 8.12 - 商业区和餐馆.png", format = 'png', dpi = 300, bbox_inches = 'tight')
plt.show()
```

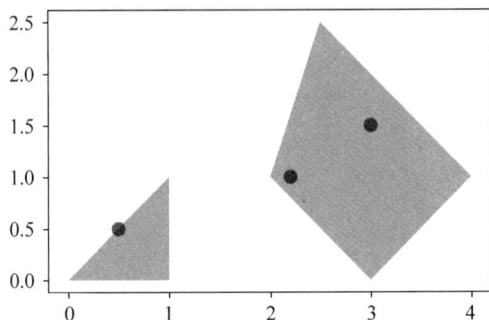

图 8.12 根据数据表绘制的商业区与餐馆分布

8.3.2 数据加载与保存

针对地理数据的特点,GeoPandas 提供了一系列功能强大的函数,使得空间数据的读取、处理、分析和可视化变得极其简单。核心函数包括空间操作(如缓冲区、交集、并集等)、空间查询(如空间连接、距离计算等)、数据处理(如合并、分组、过滤等)以及可视化(如绘制交互式地图)等。

GeoPandas 支持多种常见的地理数据格式,包括 Shapefile、GeoJSON、KML、GML、PostGIS、CSV(包含经纬度)等。程序段 8.3.2.1 基于山东省的地理数据(2019 年之前版),演示了地理数据文件的加载与地图绘制的基本方法。

```python
# 8.3.2.1 地理数据文件的加载与地图绘制的基本方法
# pip install geopandas
import geopandas as gpd
import matplotlib.pyplot as plt
import re
plt.rcParams["font.family"] = "SimSun"                          # 支持绘图中的中文显示
# 创建图形和坐标轴对象
fig, ax = plt.subplots(figsize = (6, 4))
# 数据加载
shandong = gpd.read_file(r".\china\shandong.geojson")    # 读取山东省地理数据文件
print(shandong.head())                                          # 显示数据集后 5 条记录
shandong.plot(ax = ax, column = 'NAME', cmap = "hsv", alpha = 0.5, edgecolor = 'black')
                                                                # 绘制地图
plt.savefig("shandong.png", format = 'png', dpi = 300, bbox_inches = 'tight')
                                                                # 保存地图
plt.show()
```

程序段 8.3.2.2 筛选出烟台市的地理数据,将其保存为不同类型的数据文件。

```python
# 8.3.2.2 地理数据筛选与保存
# 筛选出烟台市的地理数据
yantai = shandong[shandong.NAME == '烟台市']
print(yantai.head())
# 使用 GeoPandas 绘制地图到指定的坐标轴 (ax)
yantai.plot(alpha = 0.5, edgecolor = 'black')
plt.show()
# 将 GeoDataFrame 保存为地理数据文件,如 Shapefile、GeoJSON 等
```

```
yantai.to_file('yantai.shp', driver = 'ESRI Shapefile')
yantai.to_file('yantai..geojson', driver = 'GeoJSON')
```

8.3.3 在地图上做标注

GeoPandas 加载地理数据并绘制地图后,可在特定的地理区域添加标注信息,例如,在多边形的中心或特定的地理坐标添加文本、箭头或图形化标记点等。

程序段 8.3.3 为山东省行政区划标注地理名称和各地人口数(单位:万),运行程序可得到标注结果图"标注地图.png"。原有的山东省地理数据表中没有人口数据,通过公开资料获取各地人口统计数据后,可以添加到数据表中。

```
♯8.3.3 在多边形的中心区域标注文本
♯各地人口数,根据 2019 年公开数据整理,取整,数量单位为万
population_dict = {'莱芜市':98,'菏泽市':863,'聊城市':585,'德州市':553,'济宁市':824,'枣庄市':
380,'临沂市':1101,'日照市':296,'青岛市':1037,'威海市':291,'烟台市':703,'潍坊市':936,'淄博
市':467,'泰安市':534,'济南市':845,'东营市':220,'滨州市':390}
♯将各地人口数据添加到山东省地理数据表中
shandong['population'] = shandong['NAME'].map(population_dict)
print(shandong)
♯创建图形和坐标轴对象
fig, ax = plt.subplots(figsize = (8, 6))
shandong.plot(ax = ax, column = 'NAME', cmap = "hsv", alpha = 0.5, edgecolor = 'black')    ♯绘制地图
♯给每个区域添加文字说明
for id, row in shandong.iterrows():
    ♯获取每个区域的中心点坐标
    x, y = row['geometry'].centroid.x, row['geometry'].centroid.y
    ♯添加文字说明,位置在区域的中心点
    ax.text(x, y, f'{row['NAME']}', fontsize = 10, ha = 'center', color = 'black')
    ax.text(x + 0.1, y - 0.15, f'{row['population']}', fontsize = 8, ha = 'center', color = 'black')
plt.savefig("标注地图.png", format = 'png', dpi = 300, bbox_inches = 'tight')    ♯保存地图
♯显示地图
plt.show()
```

程序段 8.3.3 解析如下。

shandong.iterrows():逐行遍历 GeoDataFrame,row 是每行表示的空间地理对象。

row['geometry'].centroid:获取每个区域的中心点坐标,用来确定文字放置的位置。

ax.text(x,y, f'{row['NAME']}', ...):在指定坐标(x,y)处添加文字说明,可根据需要调整字体大小、颜色等参数。对于文字偏出区域边界的,可以单独做出调整。

8.3.4 空间数据与重构

山东省于 2019 年撤销了莱芜市,莱芜市作为一个行政区合并到了济南市。现在需要将莱芜市的地理数据合并到济南市,重新绘制济南市的行政区划边界。

程序段 8.3.4 演示如何将 GeoDataFrame 中指定行的 geometry 数据合并到另一行中,济南市已经更新为新的区域边界,人口总数也做了同步更新。

```
♯8.3.4 行政区划几何数据合并
♯合并莱芜市的地理数据 geometry 到济南市的地理数据 geometry
```

```
index_laiwu = shandong[shandong['NAME'] == '莱芜市'].index[0]
index_jinan = shandong[shandong['NAME'] == '济南市'].index[0]
geometry_from_laiwu = shandong.loc[index_laiwu, 'geometry']   #提取莱芜市的几何数据
#莱芜市的几何形状合并到济南市
shandong.loc[index_jinan, 'geometry'] = shandong.loc[index_jinan, 'geometry'].union(geometry_
from_laiwu)
#莱芜市的人口数添加到济南市
shandong.loc[index_jinan, 'population'] += shandong.loc[index_laiwu, 'population']
#删除莱芜市的数据行
shandong = shandong.drop(index = index_laiwu).reset_index(drop = True)
print("\n合并后的数据: ")
print(shandong)
fig, ax = plt.subplots(figsize = (8, 6))
shandong.plot(ax = ax, column = 'NAME', cmap = "hsv", alpha = 0.5, edgecolor = 'black')   #绘制地图
#给每个区域添加文字说明
for id, row in shandong.iterrows():
    #获取每个区域的中心点坐标
    x, y = row['geometry'].centroid.x, row['geometry'].centroid.y
    #添加文字说明,位置在区域的中心点
    ax.text(x, y, f'{row['NAME']}', fontsize = 10, ha = 'center', color = 'black')
    ax.text(x + 0.1, y - 0.15, f'{row['population']}', fontsize = 8, ha = 'center', color = 'black')
plt.show()
```

8.3.5　绘制交互式地图

GeoPandas 结合 Folium 或 Plotly 等库,可以轻松绘制交互式地图。程序段 8.3.5 演示如何在地图上做交互式标识,突出显示重要的地理数据。

如图 8.13 所示,根据烟台市政府办公楼的经纬度坐标,对烟台市政府驻地的周边区域做了醒目标识,点击位置标记或者点击圆圈内的区域,会弹出提示性信息。也可以根据山东各地的人口分布,用不同的颜色渲染地图。总之,只要拥有相关数据资源,即可在地图上做可视化互动展示。

```
#8.3.5 绘制交互式地图
import folium      #pip install folium mapclassify
#创建一个地图对象,烟台市市区经纬度为[37.4636, 121.4425],纬度在前,经度在后
map = folium.Map(location = [37.4636, 121.4425], zoom_start = 12)    #设置地图中心点和缩放等级
map.save("map.html")                                                 #保存为 HTML 文件
#做个标记
folium.Marker([37.4636, 121.4425], popup = '烟台市').add_to(map)
#圈定范围
folium.CircleMarker(
    location = [37.4636, 121.4425],                 #标记的经纬度坐标
    radius = 80,                                    #圆形的半径,单位为像素
    color = 'red',                                  #圆圈的边框颜色
    fill = True,                                    #是否填充圆形
    fill_color = 'cyan',                            #填充颜色
    popup = '烟台市'                                 #弹出框内容
).add_to(map)
map      #在 Jupyter Notebook 中直接显示
#直接根据各地人口数量染色各个区域
#shandong.explore(column = "population")
```

图 8.13　烟台市政府办公楼周边区域

8.3.6　空间查询与变换

空间查询与变换是地理信息系统(GIS)中的两个核心概念,涉及对空间数据进行筛选、转换、分析等操作。空间查询是指根据几何对象(如点、线、多边形等)之间的空间关系或者坐标位置来选择或筛选数据。空间变换指的是将数据从一个坐标参考系统(CRS)转换到另一个坐标参考系统。例如,将地理数据从地理坐标系(如 WGS84)转换到投影坐标系(如 UTM),以便进行精确的距离和面积计算。

程序段 8.3.6 以欧洲 30 所知名大学所处地理位置为查询对象,程序中需要根据大学名称查询其地理坐标,进行经纬度计算与变换,标识大学所处位置。

```
# 8.3.6 空间查询与坐标变换
import pandas as pd
import numpy as np
import geopandas as gpd
import folium
from geopy.geocoders import Nominatim                    # pip install geopy
# 根据地名查询地理坐标,以清华大学为例
geolocator = Nominatim(user_agent = "my_learn")
location = geolocator.geocode("Tsinghua University")
print(location.point)                                    # 坐标点
print(location.address)                                  # 地址
point = location.point
```

```
print("纬度(Latitude):", point.latitude)
print("经度(Longitude):", point.longitude)
# 读入欧洲 30 所顶尖大学的名称数据表
universities = pd.read_csv("./mydata/top_universities.csv")
print(universities.head())                              # 显示原有的大学数据表
# 定义地理编码函数,根据数据表中的地理名称,查询其经纬度
def my_geocoder(row):
    try:
        point = geolocator.geocode(row).point
        return pd.Series({'Latitude': point.latitude, 'Longitude': point.longitude})
    except:
        return None
# 扩充大学数据表,增加纬度列和经度列
universities[['Latitude', 'Longitude']] = universities.apply(lambda x: my_geocoder(x['Name']),
axis = 1)
print("共有{}% 的大学较为准确地完成了地理坐标查询与变换!".format((1 - sum(np.isnan
(universities["Latitude"])) / len(universities)) * 100))
# 数据清洗,删除地理坐标不准确的学校
universities = universities.loc[~np.isnan(universities["Latitude"])]
# 增加新列 geometry,根据经纬度合成一个坐标点对象
universities = gpd.GeoDataFrame( universities, geometry = gpd.points_from_xy(universities.
Longitude, universities.Latitude))
# 显示新的大学数据表
print(universities.head())
# 创建交互地图,location 设置地图中心点,tiles 指定地图类型
# "OpenStreetMap": 开源街道图
my_map = folium.Map(location = [54, 15], tiles = 'OpenStreetMap', zoom_start = 2)
# 标记大学地理坐标,单击标记后会弹出大学名称
for idx, row in universities.iterrows():
    folium.Marker([row['Latitude'],row['Longitude']], opup = row['Name']).add_to(my_map)
# 显示查询结果
my_map
```

本章小结

本章内容涵盖了数据处理与可视化的基础知识,并通过气象数据、生物数据和地理数据的实践案例,展示了不同类型数据的处理方法和可视化技巧。

气象数据处理与可视化介绍了通用的数据处理方法,包括数据表与数据列的管理、数据表特征统计、数据清洗、分组统计等,通过直方图、饼形图、箱线图、小提琴图等来观察、理解和发现数据的内在结构和演变趋势。

生物数据处理与可视化围绕生物序列展开,通过学习序列文件的读写、序列注释、基因转录、蛋白质翻译、序列比对和系统进化树的构建,体验生物信息学在探究生命奥秘方面的独特魅力。

地理数据处理与可视化将 GeoPandas 与 Folium 相结合,不仅能够高效管理和处理地理空间数据,还能通过空间查询去挖掘数据背后隐藏的空间关系,形成睿智的地理洞察与地理灼见。

习题

一、思考题

1. 在处理气象数据时,如何通过 Pandas 选择特定列进行分析? 如何判断一个列是否为数值类型?

2. 解释什么是描述性统计。如何使用 Pandas 对气象数据进行基本的统计分析(如均值、标准差等)?

3. 数据清洗的基本步骤是什么? 如何处理缺失值、重复值以及异常值?

4. 如何使用 Pandas 对气象数据进行分类统计? 请简要说明如何利用分类数据生成可视化图表。

5. 举例说明如何通过分组统计来分析气温和湿度之间的关系,如何将二者关系进行可视化。

6. 什么情况下使用三维散点图较为合适? 它与二维散点图相比,有哪些优势和局限?

7. 直方图在数据可视化中扮演什么角色?

8. 箱线图可以帮助识别哪些数据特征? 如何使用箱线图分析气象数据的异常值?

9. 小提琴图与箱线图相比,提供了哪些额外的信息?

10. Biopython 提供了哪些处理生物序列的基本操作函数?

11. 生物序列文件(如 FASTA 和 GenBank 格式)是如何存储生物信息的? 请描述如何使用 Biopython 读取和写入这些文件。

12. 生物序列的注释通常包括哪些内容? 请举例说明如何通过 Biopython 提取序列的注释信息。

13. 转录和翻译在基因表达过程中有什么作用? 请简要解释如何使用 Biopython 计算转录和翻译的结果。

14. 什么是生物序列比对? 它在基因组学研究中的意义是什么? 请举例说明如何使用 Biopython 进行序列比对。

15. 系统进化树用于描述物种间的进化关系,请描述构建进化树的基本步骤。

16. GeoDataFrame 和普通 DataFrame 有何区别? 请解释 GeoDataFrame 中的几何列(geometry)如何存储空间数据。

17. 如何使用 GeoPandas 加载和保存地理数据(如 Shapefile 或 GeoJSON 格式)? 请简要说明不同格式的优缺点。

18. 在地理数据可视化中,如何使用 Folium 或 GeoPandas 在地图上添加标注和信息弹窗?

19. 如何使用 GeoPandas 进行几何对象的变换以实现空间数据的重构?

20. Folium 提供的交互式地图功能有哪些? 请举例说明如何通过 Folium 创建带有标注和缩放功能的地图。

二、编程题

1. 请根据本章给定的全球气象数据集,编程回答以下问题。

(1) 湿度是如何影响温度的?

（2）有多少地方的紫外线指数超过某个阈值？例如紫外线指数超过 10。

（3）各地出现的最高温度和最低温度是多少？

（4）风速（以千米/小时为单位）和温度之间有什么关系？

（5）如何计算平均能见度？

（6）根据数据表计算的摄氏度和华氏度之间的平均温差（误差）是多少？

（7）计算气温与时间的相关性。

（8）根据数据集中的记录，哪个国家的风速最高？

（9）数据集中哪个国家或地区的摄氏和华氏温度最高？

（10）一个地区的二氧化氮和二氧化硫水平之间有关联吗？

（11）有多少条二氧化氮水平高于特定阈值（$>40\mu g/m^3$）的记录出现？

（12）哪个国家的二氧化氮水平记录最高？

（13）风速（以英里/小时或千米/小时为单位）和一氧化碳水平之间是否存在关联？

（14）哪个国家的一氧化碳水平记录最高？

（15）统计一氧化碳和臭氧水平均高于各自平均值的记录数量。

2. 使用 Pandas 对气象数据按月份分组，计算每个月的平均气温并绘制折线图。

3. 用 Seaborn 绘制箱线图，展示不同地区（或季节）的气温分布，并标出异常值。

4. 从 GenBank 下载一个基因序列，使用 Biopython 计算 GC 含量并绘制该基因的 GC 含量分布图。

5. 使用 Biopython 执行两个 DNA 序列的全局比对并展示比对结果。

6. 请对北京市的大学做一个调查，制作一个 CSV 格式的数据表，数据表包含大学的英文名称和学生数量两列数据。使用 GeoPandas 加载数据表，计算每所大学的地理坐标（经纬度）后生成包含地理坐标的新数据表，使用 Folium 绘制一个交互式地图，展示不同大学的位置，并为每所大学添加一个信息窗口，显示该大学的名称和学生数量，大学名称用中文显示。要求至少调查 5 所大学的数据进行演示。

7. 本章实验文件夹中提供了一个全球地震活动数据集，包含 1970—2014 年全球 5000 多次地震发生的地点与时间等基本数据。请用 Folium 绘制一个反映全球地震活动分布情况的交互式地图，要求标记每一处地震的深度、震级等信息。

第9章

网 络 爬 虫

【本章导读】

网络爬虫是面向互联网的重要数据处理工具,广泛应用于千行百业。例如,搜索引擎依赖知识库,知识库则依赖爬虫不知疲倦地汲取海量数据;市场研究者借助爬虫获取大量产品信息,足不出户即可形成深刻的市场洞察与判断;公共部门可以通过爬虫做舆情监控与分析;研究人员可以通过爬虫快速采集专项资料与数据等。

本章以图书爬虫的设计为例,循序渐进地讲述了基于 Scrapy 框架的爬虫设计原理与编程方法,包括虚拟环境配置、项目结构解析、爬虫工作原理、抓取起始页面、抓取全部页面、抓取详情页面、数据的结构化方法、数据清洗和存储方法、数据管道流方法、爬虫拒止与拦截方法以及应对反爬技术的策略与实践等。

【本章主要内容】

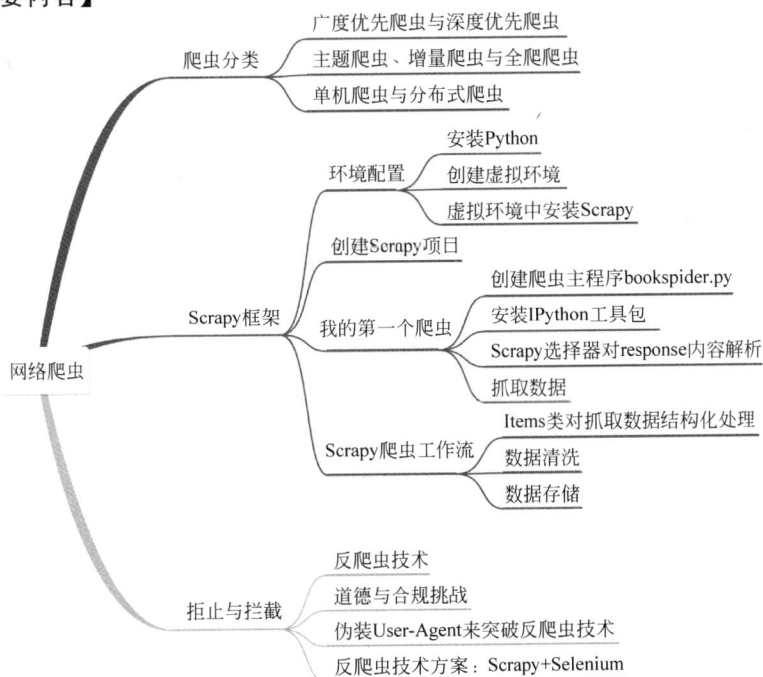

9.1 Scrapy 框架

网络爬虫(Web crawler)又称网络蜘蛛(Web spider),是一种自动化程序,通过模拟浏览器访问网页的行为来抓取网站上的信息。

9.1.1 网络爬虫类型

业务需求不同,爬虫的功能与设计也不同。根据采集链接的方法,爬虫可以分为广度优先爬虫与深度优先爬虫;根据抓取内容的指向性,爬虫可以分为主题爬虫、增量爬虫与全爬爬虫;根据爬虫的部署特点,爬虫可以分为单机爬虫与分布式爬虫。

(1)广度优先爬虫。

广度优先爬虫从一个起始页面出发,首先抓取该页面上的所有链接,然后逐层抓取每个链接的对应网页。

(2)深度优先爬虫。

深度优先爬虫从一个起始页面出发,抓取一个链接后,顺藤摸瓜地深入抓取该链接上的链接,直到无法继续为止。

(3)主题爬虫。

主题爬虫聚焦于特定领域的信息提取,只抓取与特定主题相关的页面,滤掉不相关的信息。

(4)增量爬虫。

增量爬虫仅抓取自上次抓取以来发生变化的内容,通常用于定期更新数据的场景。

(5)全爬虫。

全爬虫无差别地抓取目标网站上的所有网页,常见于搜索引擎、网站备份、数据集构建等。

(6)单机爬虫。

单机爬虫是在一个计算机节点上运行的爬虫系统,架构简单,开发和维护成本较低,适用于小规模或中等规模的抓取任务。

(7)分布式爬虫。

分布式爬虫适应大规模数据抓取需求,将抓取任务分配到多个机器节点并行进行。

上述几种爬虫的界限不是绝对的,例如,某种爬虫可能既是分布式爬虫,又是主题爬虫,同时还是增量爬虫和广度优先爬虫。

9.1.2 常见的爬虫框架

Scrapy、Selenium 与 PySpider 是三种基于 Python 的爬虫框架,设计目标与应用场景各不相同,分述如下。

1. Scrapy

Scrapy 是一个功能强大的爬虫框架,提供了从数据抓取、数据解析到数据存储的完整工具链,能够帮助用户快速、高效地完成爬虫设计,适合中大型爬虫项目。

优点：

(1) 基于异步 I/O 设计：使用 Twisted 框架，能够高效处理并发请求。

(2) 适合抓取静态页面：适用于无 JavaScript 渲染的静态数据抓取。

(3) 输出结构化数据：支持多种格式输出抓取的数据，如 JSON、CSV、XML、数据库等。

(4) 强大的抓取控制：支持请求调度、重复请求过滤、请求延迟等功能。

(5) 内置中间件扩展：中间件能够灵活扩展用户的定制需求。

缺点：不支持动态渲染页面，对于经过 JavaScript 渲染的动态数据，Scrapy 无法直接抓取页面内容。

2. Selenium

Selenium 是一个基于浏览器的自动化测试框架，鉴于其强大的浏览器控制能力，常被用来抓取 JavaScript 渲染的网页内容。

优点：

(1) 浏览器自动化：Selenium 能够控制浏览器，如打开网页、单击按钮、输入表单、滚动页面等，能够处理复杂的交互式网页。

(2) 适用于动态页面：能够抓取 JavaScript 渲染的动态页面内容。

(3) 支持多种浏览器：支持 Chrome、Firefox、Edge 等浏览器，能够模拟不同环境的用户行为。

(4) 能够处理复杂的交互：适用于需要模拟用户行为的场景，如自动登录、滚动加载更多数据等。

缺点：

(1) 速度慢。因为 Selenium 启动并控制真实的浏览器，它的抓取速度通常比 Scrapy 和其他爬虫框架慢。

(2) 资源消耗大。需要更多的 CPU 和内存资源，尤其是在大规模抓取时。

3. PySpider

PySpider 是一个分布式爬虫框架，提供了图形化界面，支持多节点并行抓取，适合需要处理大规模网页抓取任务的场景。

优点：

(1) 分布式架构：能够将任务分配给多台机器并行处理，支持多节点部署，能够处理大规模抓取任务。

(2) 图形化界面：提供了 Web 界面来管理爬虫任务、监控爬虫进度、查看抓取数据和日志。

(3) 支持多种存储后端：支持将抓取的数据保存到 MySQL 等数据库。

(4) 灵活的调度和任务管理：支持定时任务和任务优先级调度，适合需要高吞吐量和高可用性的任务。

缺点：

(1) 复杂度高：需要配置和维护分布式环境，部署和管理相对复杂。

(2) PySpider 最后一次更新是在 2018 年，并且依赖于已被弃用的 PhantomJS 技术，社区活跃度不如 Scrapy 高,开发文档与实践案例不如 Scrapy 丰富。

4. Scrapy-Selenium

Scrapy-Selenium 是将 Selenium 集成到 Scrapy 框架的一个扩展组件,它结合了 Scrapy 的高效抓取能力和 Selenium 模拟浏览器的能力,能够抓取 JavaScript 渲染的页面,同时还可以继续利用 Scrapy 的调度、去重、输出、扩展以及高并发能力等。

9.1.3　Scrapy 环境配置

Scrapy 开发环境配置包括以下三个步骤。

(1) 安装 Python。

(2) 创建虚拟环境。

(3) 在虚拟环境中安装 Scrapy。

Scrapy 是用 Python 语言编写的,所以需要安装 Python 语言包。首先到 Python 官方网站下载与本地操作系统适配的 Python 安装包,Scrapy 新版需要 Python 3.9 以上的版本支持。

为了避免与其他项目冲突,建议使用虚拟环境来管理爬虫项目的依赖包。

虚拟环境对应一个独立的目录,这个目录包含的主要内容如下。

(1) Python 解释器。每个虚拟环境都可以拥有独立的 Python 版本。

(2) site-packages 目录。每个虚拟环境都有一个独立的库安装目录,可以在这个环境中安装特定版本的依赖。

(3) 脚本。提供激活虚拟环境的脚本,能够在该虚拟环境中独立运行 Python 程序和相关工具。

当激活虚拟环境时,系统会自动使用虚拟环境中的 Python 解释器和依赖库,而不是全局环境中的其他 Python 版本和配置。

假设虚拟环境的名称为 mycrawler,在 Windows 系统中创建虚拟环境 mycrawler 的命令如下:

```
python - m venv mycrawler
```

上述命令创建一个名称为 mycrawler 的文件夹,其中包含了独立的 Python 解释器和库。

用管理员身份打开命令行窗口,执行 mycrawler\Scripts 目录中名称为 activate. bat 的脚本,此时目录左边会显示(mycrawler)标识,表示虚拟环境已被激活。

激活虚拟环境后,可以像平常一样使用 pip 安装依赖包,所有的包都会被安装到虚拟环境的 site-packages 目录中,而不会影响全局 Python 环境。虚拟环境的初始目录结构如图 9.1 所示。

可以使用以下命令查看 site-packages 目录中安装的所有包:

```
pip freeze  或 pip list
```

当不需要使用虚拟环境时,可以通过以下命令退回到全局环境中:

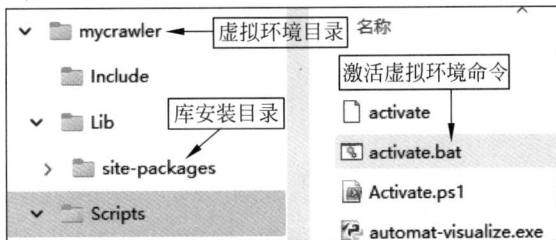

图 9.1 虚拟环境的初始目录结构

```
deactivate
```

虚拟环境是以项目为导向的开发模式,典型应用场景包括:

(1) 保障多个项目之间互不干扰。如果同时开发多个 Python 项目,且每个项目依赖不同的库或不同版本的库,使用虚拟环境可以避免库之间的冲突。

(2) 高效部署到新的应用平台。执行命令 pip freeze > requirements.txt,可将虚拟环境中的所有依赖库导出为 txt 文件,确保项目在任何环境中都可以做平滑迁移并正确运行。

(3) 测试不同版本库的支持效果。如果需要测试一个项目在不同版本的 Python 或支持库的兼容性,使用虚拟环境可以轻松完成任务之间的切换和管理。

激活虚拟环境 mycrawler 后,安装 Scrapy 库的命令如下:

```
pip install scrapy
```

完成 Scrapy 安装后,在虚拟环境中执行 Scrapy 命令,可以观察 Scrapy 命令的基本格式与用法说明,如图 9.2 所示,目录左侧的(mycrawler)标识表示虚拟环境被激活。

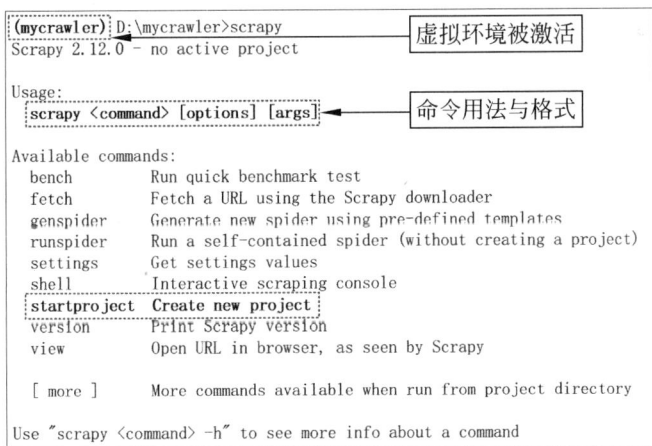

图 9.2 观察 Scrapy 命令的基本格式与用法说明

9.2 创建 Scrapy 项目

基于 Scrapy 框架编写爬虫,首先需要创建一个 Scrapy 项目,完成项目的初始化,在此基础上再去根据项目需求定义爬虫脚本。

9.2.1 创建图书爬虫

给定爬虫的任务是从厦门大学出版社网站抓取图书的相关信息,包括书名、作者、价格、出版日期、内容简介、封面图片等。

创建名称为 bookscraper 的爬虫项目,在虚拟环境 mycrawler 中执行如下命令:

```
scrapy startproject bookscraper
```

命令执行结果如图 9.3 所示。

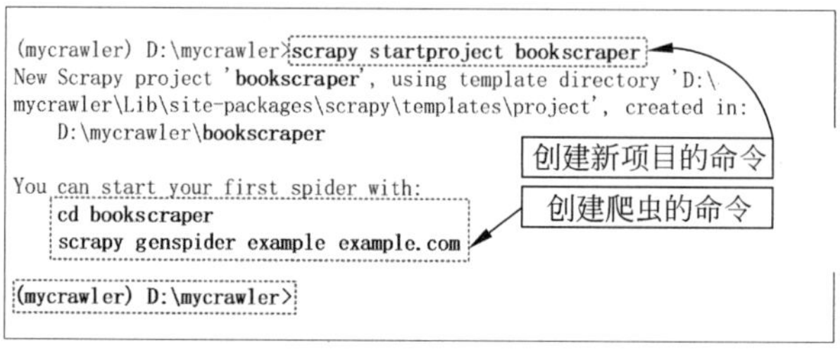

图 9.3　创建爬虫项目 bookscraper

9.2.2 项目结构解析

图书爬虫项目 bookscraper 的目录结构如图 9.4 所示。scrapy.cfg 和 settings.py 是 Scrapy 项目中的两个重要配置文件。

scrapy.cfg 是 Scrapy 项目的全局配置文件,它位于项目的根目录下。主要作用是:

(1) 项目级别的全局配置:定义一些项目的基本信息、路径和部署相关的设置。

(2) 项目管理:帮助 Scrapy 框架识别项目的位置以及项目调用。

(3) 指向 settings.py:通过[settings]配置项指定爬虫的默认配置模块,即 settings.py。

settings.py 是 Scrapy 项目面向爬虫的具体配置文件,包含了具体影响爬虫行为的配置选项,如爬虫的默认设置、数据库配置、下载器设置、日志设置等。

spiders 文件夹通常用于存放爬虫脚本,定义抓取规则以及如何处理抓取到的数据。

items.py、middlewares.py 和 pipelines.py 三个程序文件扮演不同的角色。

(1) items.py 定义抓取的数据结构。

在 items.py 中,定义了爬虫要提取的数据模型。通过定义一个或多个 Item 类(类似字典的结构)来规定需要抓取的数据字段。例如,如果抓取的是一个新闻网站,可以在 items.py 中定义一个新闻项,其中包括标题、发布时间、内容等字段。

(2) middlewares.py 处理请求和响应的中间件。

中间件是 Scrapy 的核心组件之一,允许在请求和响应之间插入自定义逻辑。可以在此处实现对请求的修改(例如修改请求头、添加 Cookies、代理等),或对响应的修改(例如处理重定向、过滤某些内容等)。

middlewares.py 文件预定义了 DownloaderMiddleware 和 SpiderMiddleware,可以根据需要实现这些类中的方法来定制爬虫的请求和响应处理过程。

（3）pipelines.py 定义数据处理的工作流。

数据管道（pipelines）主要用于处理从抓取页面中提取的数据。数据管道类似于一条流水线，Scrapy 抓取到的每个数据项都会变身为 Item 结构后通过这条流水线，经过不同的处理步骤（例如清洗、存储、验证等），最终达到预定的输出目标（例如存入数据库、写入文件等）。

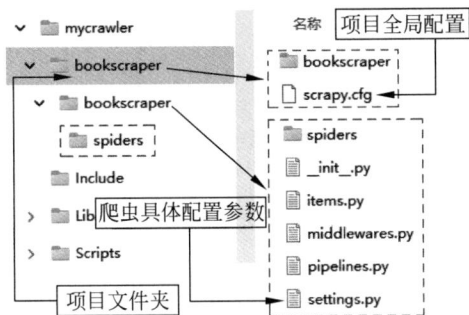

图 9.4 项目 bookscraper 的目录结构

综上所述，Scrapy 爬虫项目结构中，spiders 文件夹包含 Scrapy 爬虫主程序，爬虫负责抓取网页，提取数据，并将数据通过 Item 类的实例传递给管道 pipelines.py，或通过中间件 middlewares.py 处理自定义的请求和响应。

9.3　我的第一个爬虫

9.2 节已经完成 Scrapy 项目 bookscraper 的创建，接下来创建和编写爬虫主程序。

9.3.1　创建爬虫主程序

激活虚拟环境，目录左侧显示（mycrawler）标识，将当前工作目录切换到 spiders，执行如图 9.5 所示的创建爬虫主程序的命令，命令行中的程序名称与页面起始地址均可根据需要自行定义。

图 9.5　创建爬虫程序 bookspider.py 并做初始化

完成爬虫 bookspider.py 程序创建后，项目结构如图 9.6 所示。

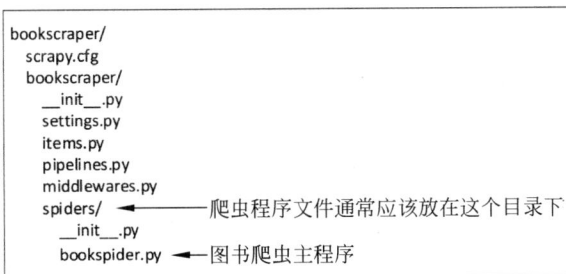

图 9.6　创建爬虫主程序

　　爬虫主程序文件通常应该放在 spiders 目录中,这是 Scrapy 默认的结构和约定。但 Scrapy 并不强制要求爬虫必须放在 spiders 目录中,也可以将爬虫代码放在项目的其他地方,只要做到正确引用即可。

　　打开 bookspider.py 程序,Scrapy 给予的初始化代码如程序段 9.3.1 所示。

```
#9.3.1 bookspider.py 初始化
import scrapy
class BookspiderSpider(scrapy.Spider):
    name = "bookspider"
    allowed_domains = ["www.tup.tsinghua.edu.cn"]
    start_urls = ["http://www.tup.tsinghua.edu.cn/booksCenter/allbooks.html?id = 2000"]
    def parse(self, response):
        pass
```

　　程序段 9.3.1 解析如下。

　　(1) BookspiderSpider 类继承自 scrapy.Spider。scrapy.Spider 是 Scrapy 中所有爬虫类的基类,提供了爬虫所需的一些基本功能和接口。例如发送请求、解析响应、提取数据、跟踪链接、递归抓取等。

　　(2) 在 BookspiderSpider 类中设置爬虫的属性。name 设置爬虫的名称为 bookspider。allowed_domains 属性限制了爬虫只能访问指定的域名。爬虫在抓取网页时,只会请求和该域名匹配的链接。如果网页中的链接指向其他域名,Scrapy 会自动忽略。

　　start_urls 属性是一个列表,包含了爬虫启动时要抓取的初始 URL。Scrapy 会从这些 URL 开始发送请求。

　　(3) BookspiderSpider 类提供了 parse()方法。这是一个回调方法,用于处理 Scrapy 请求的响应。每当爬虫发送请求并获得响应时,如果未指定其他回调函数,Scrapy 会将响应传递给 parse()方法。

　　response 参数是 Scrapy 自动传递给 parse()方法的对象,表示服务器返回的响应内容,包含了网页的 HTML 内容、响应状态码等信息。

　　parse()方法需要实现对响应的解析逻辑,例如提取网页中的数据、跟踪链接或处理其他任务。

9.3.2　Scrapy 选择器

　　程序段 9.3.1 中,parse()方法还只是一个空实现,并未对响应进行任何处理。此时需要用到 Scrapy 选择器对收到的 response 内容进行解析。

　　Scrapy 主要通过三种选择器来提取网页中的数据:CSS 选择器、XPath 选择器和正则表达式。

1. CSS 选择器

　　CSS 选择器基于 HTML 元素的标签、类名、ID 和结构来选择元素,是 Scrapy 中最常用的选择器类型。

　　语法格式举例:

- 选择标签:div、p、a
- 选择类名:.class-name

- 选择 ID：#id-name
- 选择属性：a[href]，选择所有带 href 属性的<a>标签。
- 后代选择器：div p，选择 div 下的所有<p>标签。
- 子元素选择器：div > p，选择 div 下的直接子元素 p。
- 伪类选择器：:nth-child(n)，:first-child，:last-child，通过:nth-child()可以选择特定位置的元素，常用于处理列表或表格中的数据。
- 获取属性值：使用::attr(attribute)获取元素的属性值。如 a::attr(href)，获取<a>标签的 href 属性。

应用示例：

```
#选择所有 <a> 标签的 href 属性
links = response.css('a::attr(href)').getall()
#选择类名为 'book' 的所有 <p> 标签
books = response.css('.book p').getall()
#选择所有 <div> 标签中 class 为 'book-item' 的 <a> 标签
book_links = response.css('div.book-item > a::attr(href)').getall()
#get()用于提取单个匹配项(返回第一个匹配的结果)
#getall()用于提取所有匹配项(返回一个列表)
title = response.css('h1::text').get()           # 返回第一个匹配的标题
all_titles = response.css('h1::text').getall()   # 返回所有标题
```

2. XPath 选择器

XPath 通过路径表达式在 XML 或 HTML 文档中查找元素，支持更复杂的条件查询和数据过滤，适用于需要精确定位或进行复杂查询的场景。

语法格式举例：

- 选择所有节点：//tag，选择所有<tag>。
- 选择特定属性的节点：//tag[@attribute='value']，选择具有指定属性值的元素。
- 选择子元素：//parent/tag，选择某个父元素下的所有子元素。
- 选择文本：//tag/text()，选择<tag>元素的文本内容。
- 选择相对节点元素：通过//tag/.. 或 ancestor::可以方便地选择父元素或祖先元素。例如，//tag/..，选择<tag>的父元素。
- 包含文本选择：//tag[contains(text(),'部分文本')]，选择包含某些文本的元素。
- 复杂的条件查询：XPath 支持更复杂的条件，如 and、or、contains()，可以精确地筛选出符合多个条件的元素。

应用示例：

```
#选择所有<a>标签的 href 属性
links = response.xpath('//a/@href').getall()
#选择所有 class 为 'book' 的 <p> 标签
books = response.xpath('//p[@class = "book"]').getall()
#选择文本内容
book_title = response.xpath('//h1/text()').get()
#选择某个 div 下的所有链接
book_links = response.xpath('//div[@class = "book-item"]/a/@href').getall()
```

3. 正则表达式

正则表达式用于从文本中提取数据,适用于对字符串进行复杂模式匹配的情况。Scrapy 可以通过 re()方法或在选择器中结合正则表达式来提取数据。

应用示例:

```
import re
# 使用正则表达式提取字符串中的数字
numbers = response.css('div.price::text').re(r'\d + ')
# 使用正则表达式提取特定模式的 URL
urls = response.xpath('//a/@href').re(r'https://example\.com/\w + ')
# 提取页面中的所有数字
numbers = response.re(r'\d + ')
```

4. 选择器综合应用

在 Scrapy 中,CSS、XPath 和正则表达式可以结合使用,以处理更复杂的网页结构或提取需求。例如,可以先用 XPath 定位一个大致范围,再使用正则表达式提取特定格式的内容。

假设要从页面中提取带有价格的产品名称,价格的格式是 100 元,则可以结合 CSS 选择器和正则表达式来实现:

```
# 先用 CSS 选择器选取包含价格信息的文本,再用正则表达式提取数字
prices = response.css('div.price::text').re(r'\ ¥ (\d + )')
# 使用 XPath 选择器和正则表达式提取价格
prices = response.xpath('//div[@class = "price"]/text()').re(r'\ ¥ (\d + )')
```

9.3.3 安装 IPython

编写爬虫脚本过程中,往往需要针对具体的 HTML 结构做大量的实验性测试来检验脚本的正确性,为此,建议初学者在 Scrapy 虚拟环境中安装 IPython 工具包。

IPython 提供的命令行环境,增强了 Python 的交互性,使得开发者能够高效地进行代码调试和数据分析。例如,可以直接在 IPython 环境中测试 XPath 或 CSS 选择器,验证它们能否正确提取所需的数据。

另外,Scrapy 爬虫往往涉及网络请求和异步处理,调试过程中可能会遇到各种问题。通过在 Scrapy 项目中使用 IPython,可以让开发者进入交互式环境中,随时查看响应数据、测试选择器、修改请求参数等。

```
[settings]
default = bookscraper.settings
shell = ipython

[deploy] 在scrapy.cfg文件添加这行代码
#url = http://localhost:6800/
project = bookscraper
```

图 9.7 将 IPython 添加到
爬虫配置文件

在虚拟环境(mycrawler)中执行命令 pip install ipython 安装 IPython。然后修改项目配置文件,添加如图 9.7 所示的代码,将 IPython 作为 Scrapy Shell 的命令行解释程序。

完成图 9.7 所示配置后,在命令行执行 scrapy shell 命令,进入交互模式。通过如下脚本可以提取厦门大学出版社图书中心的页面内容。

```
fetch('https://www.xmupress.com/book - list.aspx')
```

结合页面结构,逐句实验9.3.2节给出的 response.css、response.xpath 应用示例,对页面内容做出解析,观察反馈结果,验证并掌握 Scrapy 选择器的用法。

9.3.4 解析页面数据

对网站首页进行结构分析,图 9.8 给出了单本图书的结构描述。

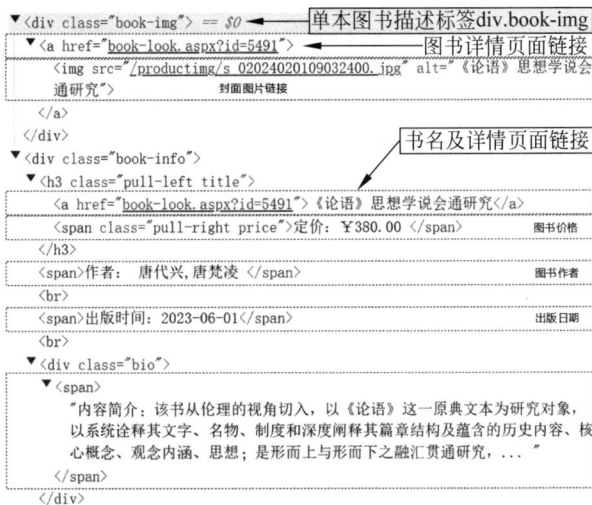

图 9.8　单本图书页面结构分析

用 Scrapy 的 response.css 和 response.xpath 提取图书的信息,包括书名、价格、作者、封面图片链接、详情链接等。程序段 9.3.4 分别使用两种方法实现了图书信息页面的数据抓取。

```
♯9.3.4 程序 bookspider.py 用 response.css 和 response.xpath 提取图书的信息
import scrapy
class BookspiderSpider(scrapy.Spider):
    name = "bookspider"
    allowed_domains = ["www.xmupress.com"]
    start_urls = ["https://www.xmupress.com/book - list.aspx"]


    def parse(self, response):
        ♯使用 CSS 选择器提取页面第一本书的信息
        book_name_css = response.css("h3.pull - left.title a::text").get()     ♯书名
        price_css = response.css("span.pull - right.price::text").get()     ♯价格
        author_css = response.css("div.book - info > span:nth - of - type(1)::text").get()
                                                                          ♯作者
        publish_date_css = response.css("div.book - info > span:nth - of - type(2)::text").get()
                                                                          ♯出版时间
        cover_image_css = response.css("div.book - img img::attr(src)").get()
                                                                          ♯封面图片链接
        detail_link_css = response.css("h3.pull - left.title a::attr(href)").get()
                                                                          ♯详情页面链接

        ♯内容简介
        brief_content_css = response.css("div.book - info > div.bio > span::text").get()

        ♯使用 XPath 选择器取页面第一本书的信息
```

```
book_name_xpath = response.xpath("//h3[@class = 'pull - left title']/a/text()").get()
                                                              #书名
price_xpath = response.xpath("//span[@class = 'pull - right price']/text()").get()
                                                              #价格
author_xpath = response.xpath("//div[@class = 'book - info']/span[1]/text()").get()
                                                              #作者
#出版时间
publish_date_xpath = response.xpath("//div[@class = 'book - info']/span[2]/text()").get()
#封面图片链接
cover_image_xpath = response.xpath("//div[@class = 'book - img']/a/img/@src").get()
#详情页面链接
detail_link_xpath = response.xpath("//h3[@class = 'pull - left title']/a/@href").get()
#内容简介
brief_content_xpath = response.xpath("//div[@class = 'book - info'] \
/div[@class = 'bio']/span/text()").get()

#打印提取到的信息
print('CSS 选择器提取结果:')
print(f'书  名:{book_name_css}, \n价  格:{price_css}, \n作  者:{author_css}')
print(f'出版时间:{publish_date_css}, \n封面图片:{cover_image_css}')
print(f'详情链接:{detail_link_css}, \n内容简介:{brief_content_css}')

print('\nXPath 选择器提取结果:')
print(f'书  名:{book_name_xpath}, \n价  格:{price_xpath}, \n作  者:{author_xpath}')
print(f'出版时间:{publish_date_xpath}, \n封面图片:{cover_image_xpath}')
print(f'详情链接:{detail_link_xpath}, \n内容简介:{brief_content_xpath}')
```

在虚拟环境中执行命令 scrapy crawl bookspider,命令行格式如图 9.9 所示,该命令执行爬虫程序 bookspider. py,爬虫输出结果如图 9.10 所示。

图 9.9　启动爬虫程序抓取数据

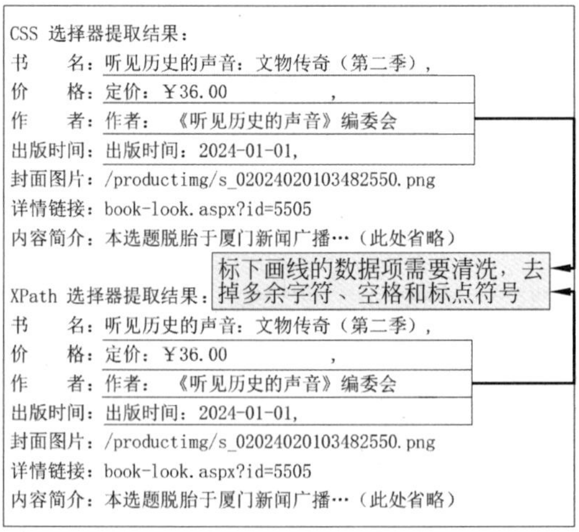

图 9.10　图书页面第一本图书的信息提取结果

程序段 9.3.4 解析如下。

CSS 选择器解析：

（1）"h3. pull-left. title a::text"：选择< h3 >标签中 class＝"pull-left title"的< a >子标签，并提取其文本内容，得到书名。get()：提取匹配到的第一个结果。

（2）"span. pull-right. price::text"：选择< span >标签中 class＝"pull-right price"的文本内容，得到价格。

（3）"div. book-info > span:nth-of-type(1)::text"：选择< div class＝"book-info">下的第一个 < span >标签的文本内容，得到作者。

（4）"div. book-info > span:nth-of-type(2)::text"：选择< div class＝"book-info">下的第二个 < span >标签的文本内容，得到出版时间。

（5）"div. book-img img::attr(src)"：选择< div class＝"book-img">下的< img >标签，并提取其 src 属性值，得到封面图片链接。

（6）"h3. pull-left. title a::attr(href)"：选择< h3 >标签中 class＝"pull-left title"的< a >子标签，并提取其 href 属性值，得到详情页面链接。

（7）"div. book-info > div. bio > span::text"：选择< div class＝"book-info">下的< div class＝"bio">标签的子代标签< span >的文本内容，得到内容简介。

XPath 选择器解析：

（1）"//h3[@class＝'pull-left title']/a/text()"：从根节点查找< h3 >标签，class 属性为 pull-left title，选择其中的< a >子标签并提取其文本内容，得到书名。

（2）"//span[@class＝'pull-right price']/text()"：从根节点查找< span >标签，class 属性为 pull-right price，并提取其文本内容，得到价格。

（3）"//div[@class＝'book-info']/span[1]/text()"：从根节点查找< div >标签，class 属性为 book-info，选择第一个 < span > 子标签并提取其文本内容，得到作者。

（4）"//div[@class＝'book-info']/span[2]/text()"：从根节点查找< div >标签，class 属性为 book-info，选择第二个< span >子标签并提取其文本内容，得到出版时间。

（5）"//div[@class＝'book-img']/a/img/@src"：从根节点查找< div >标签，class 属性为 book-img，在< a >标签内查找< img >子标签，并提取其 src 属性值，得到封面图片链接。

（6）"//h3[@class＝'pull-left title']/a/@href"：从根节点查找< h3 >标签，class 属性为 pull-left title，选择其中的< a >子标签，并提取其 href 属性值，得到详情页面链接。

（7）"//div[@class＝'book-info']/div[@class＝'bio']/span/text()"：从根节点查找< div >标签，class 属性为 book-info，在这个父< div >节点内查找属性为 bio 的子代< div >标签，选择< span > 子标签并提取其文本内容，得到内容简介。

9.3.5　抓取全部数据

起始页是爬虫工作的起点，在 parse()方法中提取当前页面的"下一页"的链接，并将返回的响应递归给 parse()方法进行处理，即可递归地实现下一页内容的抓取。

程序段 9.3.5 实现了网站图书数据的全部抓取。

```
#9.3.5 bookspider.py 抓取网站全部图书数据
import scrapy
```

```
from scrapy import Selector
class BookspiderSpider(scrapy.Spider):
    name = "bookspider"
    allowed_domains = ["www.xmupress.com"]
    start_urls = ["https://www.xmupress.com/book-list.aspx"]
    def parse(self, response):
        #选取所有 class 为 book-item 的 <div> 元素列表
        books = response.css("div.book-item").getall()

        for book in books:
            #将 HTML 字符串转换为 Selector 对象
            book = Selector(text=book)
            yield {
                'name':book.css("h3.pull-left.title a::text").get(),
                'price':book.css("span.pull-right.price::text").get(),
                'author':book.css("div.book-info > span:nth-of-type(1)::text").get(),
                'publish_date':book.css("div.book-info > span:nth-of-type(2)::text").get(),
                'cover_image':book.css("div.book-img img::attr(src)").get(),
                'detail_link':book.css("h3.pull-left.title a::attr(href)").get(),
                'brief_content':book.css("div.book-info > div.bio > span::text").get()
            }
            #查找"下一页"按钮的链接
            next_page = response.css("a#next::attr(href)").get()
            if next_page:
                #如果找到了"下一页"按钮的链接,则递归请求下一页
                next_page = 'https://www.xmupress.com' + next_page
                yield response.follow(next_page, callback=self.parse)
```

　　在虚拟环境中对程序段 9.3.5 执行命令 scrapy crawl bookspider,可以看到命令窗口中返回了所有抓取的图书数据,同时,给出了一份爬虫本次运行情况的统计清单。

```
#爬虫 bookspider 本次运行情况统计清单
2024-11-25 15:36:41 [scrapy.statscollectors] INFO: Dumping Scrapy stats:
{'downloader/request_bytes': 28369,
'downloader/request_count': 91,
'downloader/request_method_count/GET': 91,
'downloader/response_bytes': 1268166,
'downloader/response_count': 91,
'downloader/response_status_count/200': 88,
'downloader/response_status_count/500': 3,
'dupefilter/filtered': 792,
'elapsed_time_seconds': 17.43507,
'finish_reason': 'finished',
'finish_time': datetime.datetime(2024, 11, 25, 7, 36, 41, 98667, tzinfo=datetime.timezone.utc),
'httpcompression/response_bytes': 3986543,
'httpcompression/response_count': 88,
'httperror/response_ignored_count': 1,
'httperror/response_ignored_status_count/500': 1,
'item_scraped_count': 880,
'items_per_minute': None,
'log_count/DEBUG': 977,
'log_count/ERROR': 1,
'log_count/INFO': 11,
```

```
'request_depth_max': 88,
'response_received_count': 89,
'responses_per_minute': None,
'retry/count': 2,
'retry/max_reached': 1,
'retry/reason_count/500 Internal Server Error': 2,
'scheduler/dequeued': 91,
'scheduler/dequeued/memory': 91,
'scheduler/enqueued': 91,
'scheduler/enqueued/memory': 91,
'start_time': datetime.datetime(2024, 11, 25, 7, 36, 23, 663597, tzinfo = datetime.timezone.utc)}
```

清单各条目解析如下：

'downloader/request_bytes':28369：爬虫请求的总字节数为 28 369 字节。

'downloader/request_count':91：爬虫总共发起了 91 次请求。

'downloader/request_method_count/GET':91：91 次请求都是 GET 请求。

'downloader/response_bytes':1268166：爬虫接收到的响应数据总字节数为 1 268 166 字节。

'downloader/response_count':91：爬虫总共接收到 91 次响应。

'downloader/response_status_count/200':88：88 次响应状态码为 200 OK,表示成功。

'downloader/response_status_count/500':3：3 次响应状态码为 500 Internal Server Error,表示请求时服务器发生错误。通常意味着服务器在处理请求时发生了问题。

'dupefilter/filtered':792：爬虫过滤了 792 次重复请求(可能是重复的 URL)。

'elapsed_time_seconds':17.43507：爬虫运行的总时间为 17.435 07 秒。

'finish_reason':'finished'：爬虫结束的原因是 finished,即正常完成。

'finish_time': datetime.datetime(2024,11,25,7,36,41,98667,tzinfo = datetime.timezone.utc)：爬虫的结束时间是 2024-11-25 07:36:41 UTC。

'httpcompression/response_bytes':3986543：对于压缩的响应,爬虫解压后的总字节数为 3 986 543 字节。

'httpcompression/response_count':88：88 次响应是经过 HTTP 压缩的。

'httperror/response_ignored_count':1：1 次响应因错误(HTTP 500 错误)而被忽略。

'httperror/response_ignored_status_count/500':1：有 1 次 HTTP 状态码为 500 的响应被忽略。

'item_scraped_count':880：爬虫共抓取了 880 个条目。

'log_count/DEBUG':977：爬虫产生了 977 条调试日志。

'log_count/ERROR':1：爬虫产生了 1 条错误日志,可能与 500 错误有关。

'log_count/INFO':11：爬虫产生了 11 条信息日志。

'request_depth_max':88：最大请求深度为 88,表示爬虫访问的最深页面层次。

'response_received_count':89：爬虫共接收到 89 次响应(其中有 2 次是重试的响应)。

'retry/count':2：爬虫重试了 2 次请求。

'retry/max_reached':1：爬虫达到了最大重试次数 1 次(指某个请求重试了最多一次)。

'retry/reason_count/500 Internal Server Error':2：重试的原因是 500 Internal Server

Error,表示请求时遇到服务器错误,爬虫进行重试,重试了 2 次。

'scheduler/dequeued':91:爬虫从调度器中取出了 91 个任务(请求)。

'scheduler/enqueued':91:爬虫将 91 个任务(请求)放入调度器队列中。

'start_time':datetime.datetime(2024,11,25,7,36,23,663597,tzinfo = datetime. timezone.utc):爬虫的开始时间是 2024-11-25 07:36:23 UTC。

从这些统计数据可以看到,爬虫执行过程中有些请求遇到了 500 错误,但大多数请求是成功的,抓取到了 880 本图书的预期数据。

如果出于测试目的,需要反复执行当前爬虫程序时,建议执行过程中按 Ctrl+C 键中断抓取过程,也能正常观察抓取结果。应避免全站数据抓取,因为大量的抓取数据会大幅增加网站负载,干扰网站的正常运行。

9.3.6 抓取详情页面

图 9.11 是网站上展示的一本书的详情页面上的关键内容,图中数字标注了希望爬虫去采集的数据条目。

图 9.11 从详情页面抓取图中标识的 10 项数据

程序段 9.3.6 访问每一本书的详情页面,抓取图 9.11 中标注的 10 项数据条目。

```python
#9.3.6 bookspider.py 抓取每一本书的详情页面
import scrapy
from scrapy import Selector
class BookspiderSpider(scrapy.Spider):
    name = "bookspider"
    allowed_domains = ["www.xmupress.com"]
    start_urls = ["https://www.xmupress.com/book-list.aspx"]
    def parse(self, response):
        #选取所有 class 为 book-item 的 <div> 元素列表
        books = response.css("div.book-item").getall()

        for book in books:
            #将 HTML 字符串转换为 Selector 对象
            book = Selector(text = book)
            detail_link = book.css("h3.pull-left.title a::attr(href)").get()
            detail_link = 'https://www.xmupress.com/' + detail_link
            #跳转到每一本书的详情页面抓取数据
```

```
        yield response.follow(detail_link, callback = self.parse_detail_page)
        #查找"下一页"按钮的链接
        next_page = response.css("a#next::attr(href)").get()
        if next_page:
            #如果找到了"下一页"按钮的链接,则递归请求下一页
            next_page = 'https://www.xmupress.com' + next_page
            yield response.follow(next_page, callback = self.parse)
#解析详情页面
def parse_detail_page(self,response):
    yield {
        'name': response.css("div.book-info h3 a::text").get(),        #书名
        #作者
        'author': response.css("div.book-info > span:nth-of-type(1)::text").get(),
        #出版时间
        'publish_date': response.css("div.book-info > span:nth-of-type(3)::text").get(),
        'price':response.css("div.book-info > span:nth-of-type(4)::text").get(),
                                                               #价格
        'word_count':response.css("div.book-info > span:nth-of-type(5)::text").get(),
                                                               #字数
        'edition':response.css("div.book-info > span:nth-of-type(6)::text").get(),
                                                               #版次
        'formation':response.css("div.book-info > span:nth-of-type(7)::text").get(),
                                                               #开本
        'isbn':response.css("div.book-info > span:nth-of-type(9)::text").get(),
                                                               #ISBN
        'cover_image':response.css("div.book-img a::attr(href)").get(),
                                                               #封面大图
        #选择 id 为 "hotbook" 的 div 下的 <p> 标签内容
        'brief_content':response.css("div#hotbook > p::text").get()  #内容简介
    }
```

在虚拟环境中对程序段 9.3.6 执行命令 scrapy crawl bookspider,观察抓取的图书数据和爬虫运行情况统计清单,验证运行结果的正确性。

9.4 Scrapy 爬虫工作流

数据管道在数据科学、商业智能、大数据处理等领域有着广泛的应用。Scrapy 以管道模式构建工作流,通过构建高效、可靠的数据管道,Scrapy 爬虫可以实现对数据的快速获取、处理和分析,为后续更加精准的业务决策提供有力支撑。

Scrapy 基于数据管道模式实现的工作流机制如图 9.12 所示。

(1)爬虫执行程序 bookspider.py 抓取数据,将杂乱的网页数据转换为 Item 类型的结构化数据。

(2)爬虫执行 yield item 语句将结构化的 Item 数据发送给管道程序 pipelines.py。

(3)Item 结构化数据在 pipelines.py 定义的管道流中按照优先级依次处理,上一节点处理好的数据传递给下一节点继续处理。

(4)以数据清洗节点 CleanDataPipeline 为例,接收来自上一节点的数据,完成数据清洗后再传递给下一节点。

(5)在管道流的末端,pipelines.py 将合乎规范的数据直接保存到文件或者数据库中。

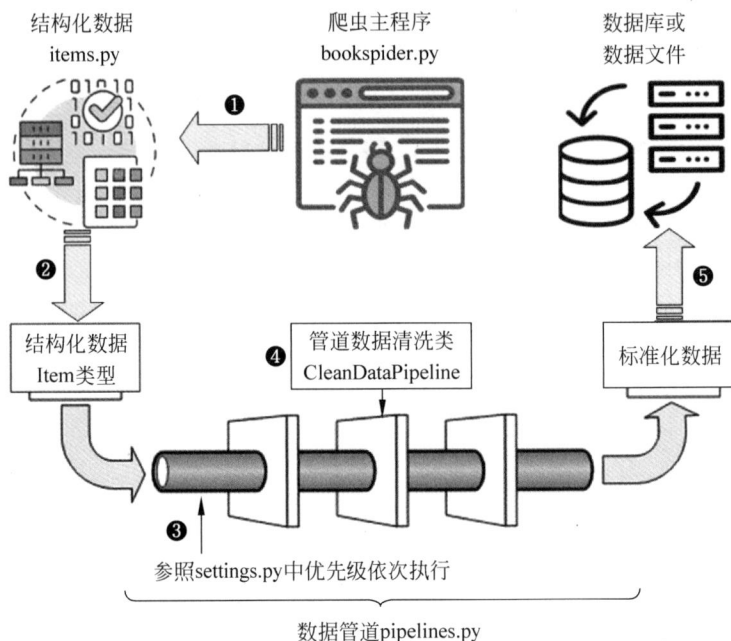

图 9.12 Scrapy 爬虫工作流机制

9.4.1 数据结构化

Scrapy 通过 Items 类将抓取到的数据进行结构化定义和存储。

程序段 9.4.1.1 在 items.py 文件中借助 scrapy.Item 和 scrapy.Field 两个类完成图书数据的结构化定义。

```
♯9.4.1.1 items.py 中对图书数据的结构化定义
import scrapy
class BookItem(scrapy.Item):
    ♯定义字段
    name = scrapy.Field()                    ♯书名
    price = scrapy.Field()                   ♯价格
    author = scrapy.Field()                  ♯作者
    publish_date = scrapy.Field()            ♯出版时间
    cover_image = scrapy.Field()             ♯封面图片 URL
    detail_link = scrapy.Field()             ♯详情链接 URL
    brief_content = scrapy.Field()           ♯简介
```

程序段 9.4.1.2 修改爬虫程序 bookspider.py,将抓取到的数据存储到 BookItem 中,然后将 BookItem 发送给 pipelines.py 处理。

```
♯9.4.1.2 bookspider.py 将抓取到的数据做结构化存储
import scrapy
from scrapy import Selector
from bookscraper.items import BookItem                  ♯导入定义的 item
class BookspiderSpider(scrapy.Spider):
    name = "bookspider"
    allowed_domains = ["www.xmupress.com"]
```

```
start_urls = ["https://www.xmupress.com/book - list.aspx"]
def parse(self, response):
        # 选取所有 class 为 book - item 的 <div> 元素列表
        books = response.css("div.book - item").getall()
        for book in books:
                # 将 HTML 字符串转换为 Selector 对象
                book = Selector(text = book)
                item = BookItem()  # 创建 Item 实例
                item['name'] = book.css("h3.pull - left.title a::text").get()
                item['price'] = book.css("span.pull - right.price::text").get()
                item['author'] = book.css("div.book - info > span:nth - of - type(1)::text").get()
                item['publish_date'] = book.css ( " div. book - info > span:nth - of - type (2)::
text").get()
                item['cover_image'] = book.css("div.book - img img::attr(src)").get()
                item['detail_link'] = book.css("h3.pull - left.title a::attr(href)").get()
                item['brief_content'] = book.css("div.book - info > div.bio > span::text").get()
                yield item             # 将数据交给 ItemPipeline
                # 查找"下一页"按钮的链接
                next_page = response.css("a # next::attr(href)").get()
                if next_page:
                        # 如果找到了"下一页"按钮的链接,则递归请求下一页
                        next_page = 'https://www.xmupress.com' + next_page
                        yield response.follow(next_page, callback = self.parse)
```

在虚拟环境中执行命令 scrapy crawl bookspider,可以观察到 Item 类型的采集数据已经变成字典格式呈现在控制台上。

9.4.2　数据管道流

从 Web 抓取的原始数据往往包含多余的空格、HTML 标签或其他冗余内容。Scrapy 提供了较好的数据清洗能力,包括如下几种。

(1) 去除冗余:去掉无意义的数据,如空格、HTML 标签、特殊字符等。

(2) 提高一致性:将数据标准化(如日期格式统一、单位换算等)。

(3) 优化后续处理:使清洗后的数据更容易存储、分析和使用。

可以借助 Scrapy 中的 items.py 和 pipelines.py 配置管道流,完成数据清洗和保存工作。

在项目的 pipelines.py 文件中根据需要定义数据处理类,爬虫返回的 Item 对象会依次通过 pipelines.py 中的数据处理类,每个数据处理类的 process_item()方法实现处理 Item 的逻辑。

程序段 9.4.2 是一个清洗数据并保存到 JSON 文件的 pipelines.py 示例,包含两个数据处理类:一个用于清洗数据;另一个用于保存清洗后的数据。

```
# 9.4.2 pipelines.py 中定义数据清洗类和存储类
import json
class CleanDataPipeline:                          # 数据清洗类
    def process_item(self, item, spider):
        # 清理空格
        item['name'] = item['name'].strip()
        # 转换为浮点数
        item['price'] = float(item['price'].replace("￥", "").strip())
```

```
            item['brief_content'] = item['brief_content'].strip() \
                if item['brief_content'] else "无内容简介"
            return item                            # 返回清洗后的数据
class SaveToJSONPipeline:                          # 数据保存为 JSON 文件
    def open_spider(self, spider):
        # 爬虫开始时打开文件
        self.file = open('books.json', 'w', encoding = 'utf - 8')
    def close_spider(self, spider):
        self.file.close()                          # 爬虫结束时关闭文件
    def process_item(self, item, spider):
        # 保存为 JSON 文件
        line = json.dumps(dict(item), ensure_ascii = False) + "\n"
        self.file.write(line)
        return item
```

在 settings.py 中设置数据处理类的执行顺序,数值越小优先级越高。

```
# settings.py 中设置数据处理类执行顺序
# 优先级顺序
ITEM_PIPELINES = {
    'bookscraper.pipelines.CleanDataPipeline': 100,
    'bookscraper.pipelines.SaveToJSONPipeline': 500,
}
```

除了通过管道流保存数据,也可以在命令行中直接将抓取的数据保存为 JSON 文件。
命令格式如下:

```
scrapy crawl bookspider - o bookdata.json
```

执行爬虫程序,数据量太大时,可以在控制台按 Ctrl+C 键中断执行过程,此时仍可通
过控制台或打开保存的 JSON 文件,观察到抓取的数据。

9.4.3   存储到文件

Scrapy 框架提供了三种保存数据到文件的模式。

(1) 配置管道流模式。

如程序段 9.4.2 所示,在 pipelines.py 中定义数据保存类 SaveToJSONPipeline 并在
settings.py 中指定其优先级,保存文件的优先级一般处于管道流的末端。

(2) 配置环境变量模式。

Scrapy 框架支持将爬虫获取的数据直接保存为 JSON、CSV 或 XML 等格式的文件。

程序段 9.4.3 在 settings.py 中配置 FEED_FORMAT 和 FEED_URI 两个变量的值,
分别指定输出文件的类型和文件名称,当爬虫程序运行时,会在工作流的末端自动将抓取的
数据保存到文件中。

```
# 9.4.3 settings.py 中配置变量,数据直接保存为 JSON、CSV 或 XML 等格式的文件
FEED_FORMAT = 'json'                               # 可以选择 json、csv、xml 等
FEED_URI = 'output.json'                           # 输出文件名
```

在命令窗口中运行执行 scrapy crawl bookspider 命令进行测试,观察输出的 output.json

文件的内容。

（3）配置命令行参数模式。

运行爬虫程序时通过命令行参数将数据保存到文件，命令格式如图9.13所示。

爬虫程序名　输出文件名

scrapy crawl bookspider -o output.json

图9.13　命令行中指定输出文件的名称和类型

修改output.json的名称为output.csv或output.xml可以将数据保存为不同类型的文件。

9.4.4　存储到数据库

将爬虫抓取的数据保存到数据库中，可在管道流的末端定义数据库操作类，以MySQL数据库为例，需要两个步骤。

（1）在当前爬虫虚拟环境中安装MySQL连接库，执行命令行：

```
pip install mysql - connector - python
```

（2）在pipelines.py中定义一个能够将数据保存到MySQL的管道类并配置其执行的优先级。程序段9.4.4给出了MySQL数据库管道类的编写方法。

```
♯9.4.4 在 pipelines.py 中定义 MySQL 数据库管道类
import mysql.connector
class MySQLPipeline:
    def __init__(self):
        ♯连接并打开数据库
        self.conn = mysql.connector.connect(
            host = 'localhost',              ♯此处填写 MySQL 数据库所在主机名
            user = 'your_user',              ♯访问数据库的用户名
            password = 'your_password',      ♯用户密码
            database = 'your_database'       ♯数据库名称
        )
        self.cursor = self.conn.cursor()     ♯数据库操作游标
    def process_item(self, item, spider):
        ♯item 是爬虫程序传递过来的字典格式的结构化数据
        ♯数据表的名称和字段名称需要预先定义，与 item 的字典结构一一对应
        query = "INSERT INTO your_table (field1, field2) VALUES ( % s, % s)"
        values = (item['field1'], item['field2'])
        self.cursor.execute(query, values)   ♯数据插入，一个 Item 对象生成一条记录
        self.conn.commit()                   ♯提交事务处理
        return item
    def close_spider(self, spider):          ♯关闭数据库连接
        self.cursor.close()
        self.conn.close()
```

在settings.py中配置MySQL数据管道类的优先级，需要从全局业务流需要，安排优先级数字的大小。

```
ITEM_PIPELINES = {
    'your_project.pipelines.MySQLPipeline': 600,      ♯数字 600 代表优先级顺序
}
```

程序段 9.4.4 执行的前提是正确创建 MySQL 数据库和数据表,也可以换成其他数据库,如 SQLite、MongoDB 等。

9.5 拒止与拦截

9.5.1 反爬虫技术

网站为了防止爬虫随意抓取数据造成服务滥用和防止恶意爬虫对服务器造成过载,采取一些技术手段阻止爬虫的访问或降低爬虫的效率,称为爬虫拒止与拦截。常用的反爬虫技术手段包括 IP 限制、User-Agent 检测、验证码、Cookie 检查等。

(1) IP 限制。

网站通过监测访问频率,如果发现大量请求来自同一 IP 地址,则对该 IP 进行封锁或限制,从而拒止爬虫访问或降低其访问频率。

(2) User-Agent 检测。

User-Agent 是 HTTP 中的一个重要字段,用于标识发送请求的客户端信息,包括网络、浏览器类型、版本号等。

在没有特别配置的情况下,Scrapy 默认的 User-Agent 头部可能包含类似下面的字符串:

```
Scrapy/2.5.0( + https://scrapy.org)
```

Scrapy/2.5.0 表明请求来自 Scrapy 框架,版本号为 2.5.0。

所以,网站可以通过检测 User-Agent 是否为常见的爬虫标识(如 python-requests、Scrapy 等)来识别和拒绝爬虫。

(3) 验证码。

验证码是可以区分人类行为和自动化程序行为的一种技术手段。爬虫程序通常无法处理验证码,因此将验证码嵌入数据获取流程中,能有效防止爬虫直接抓取网站内容。

(4) Cookie 和 Session 管理。

网站通过检查访问者的 Cookie 或 Session,来判断是否为正常用户。爬虫如果没有正常的登录态或缺乏有效的会话管理,就会被拒绝访问。例如,京东、天猫等电商平台要求用户登录才能正常浏览商品信息。

(5) 动态加载并渲染页面内容。

网站利用 JavaScript 动态生成页面内容,爬虫无法通过简单的 HTTP 请求抓取数据,而是需要真实的浏览器执行 JavaScript 后才可以访问到目标内容。

(6) 行为分析。

网站会监控访问者的行为,如鼠标移动、单击等,爬虫通常无法模拟人类的交互行为,因此会被识别为异常流量并遭遇拦截。

9.5.2 道德与合规挑战

尽管网站会采取拒止与拦截的技术保护措施,爬虫也不是就无能为力了。爬虫如果足够"聪明",还是能够突破限制去获得数据的。

例如,针对 IP 限制类型的保护措施,爬虫可以采用 IP 代理池技术,通过使用代理池切换 IP 地址,避免请求频率过高导致封禁。针对 User-Agent 检测类的保护措施,爬虫可以使用 Selenium 等工具发出真实浏览器的请求并定期更换 User-Agent 等。

爬虫和反爬虫技术一个是矛,另一个是盾,强弱是相对的,暂时占上风的是技术手段更好的一方。

源于平衡爬虫应用与对其他人(包括网站所有者、用户和其他利益相关者)权利和利益的尊重需要,爬虫也面临许多道德与合规上的风险与挑战。

(1)侵犯隐私。

爬虫有时会获取大量的个人数据,例如用户的社交媒体资料、电子邮件、评论等敏感信息,特别是当数据被用于商业用途或广告投放时,未经授权收集这些个人信息可能违反隐私权,甚至触犯数据保护法规。

(2)道德挑战。

爬虫用户方是否有权收集和使用这些通过公开渠道获得的数据?是否需要明确获得相关利益方的同意和授权?

(3)违反网站的使用条款。

很多网站的服务条款明确禁止自动化工具如爬虫访问和抓取其内容,忽视这些规定可能会导致法律诉讼或封禁访问权限。

建议在抓取网站数据之前,先检查网站的 robots.txt 文件和服务约定,避免不当抓取。

(4)负载过大或服务中断。

爬虫请求可能会对目标网站的服务器造成较大负担,特别是在没有适当节流和请求限制的情况下。爬虫如果导致网站变慢甚至宕机,造成的损失是否需要爬虫一方承担?

(5)侵犯原创内容和版权。

许多网站上的内容受到版权保护,包括文章、图片、视频、代码等。未经授权抓取这些内容并用于商业用途可能侵犯版权或知识产权。

(6)不公平的数据使用。

爬虫常常用于收集大量的数据并进行商业化应用,如搜索引擎优化、竞争分析等。如果爬虫收集的数据是由他人投入劳动和资金所创造的,那么未经授权获取这些数据用于不正当的竞争目的可能是不道德的。

(7)数据的滥用。

即使抓取的数据在技术上是合法获取的,如果使用这些数据的方式不当,可能会引发道德问题。例如,使用抓取的数据进行非法的市场操控、诈骗或数据泄露等行为。

(8)侵犯竞争对手的利益。

在商业爬虫中,爬虫可能被用于从竞争对手的网站上抓取产品信息、价格、库存等敏感数据。这种行为虽然技术上可行,但可能被视为不道德或不公平的竞争手段。

那么爬虫一方应该如何增强法律法规意识,采取措施避免上述道德风险与挑战呢?

(1)遵循法律法规。熟悉相关数据保护法律法规和网站的使用条款,避免引起纠纷。

(2)尊重他人隐私。避免收集敏感的个人数据,遵守隐私保护原则。

(3)合理使用数据。仅收集必需的合法数据,确保数据的使用不会对他人或竞争对手造成伤害。

（4）控制抓取频率。采取合理的节流措施，避免对网站造成过大负担，查看网站的robots.txt文件，尊重网站的访问限制。

（5）透明化爬虫操作。如有必要，告知目标网站或数据拥有者爬虫一方的行为信息，包括爬虫的数据采集行为和数据使用目的等，获取数据拥有方的谅解与授权。

以本章的图书爬虫为例，为了避免读者的学习行为导致目标网站的负载过重，除了用Ctrl+C键适时中断抓取数据的过程外，也可以设置DOWNLOAD_DELAY来控制每个请求之间的延迟。这样，Scrapy会在每个请求之间等待指定的间隔（以秒为单位），从而减少对目标网站的负载压力。

Scrapy默认的并发请求数为16，这个参数也可以调低，与DOWNLOAD_DELAY参数联合降低对目标网站负载能力的冲击，在settings.py文件中配置参数如下。

```
DOWNLOAD_DELAY = 5                    # 设置请求之间的延迟时间为 5 秒
CONCURRENT_REQUESTS = 8              # 设置并发请求数为 8
```

9.5.3 Scrapy 中间件

Scrapy框架中的middlewares.py文件用于定义中间件。中间件是Scrapy提供的一种工作流干预机制，用于在请求（request）和响应（response）的过程中对数据进行拦截、修改和处理。

Scrapy中间件可以在请求和响应生命周期的各个阶段插入自定义逻辑，工作模式如图9.14所示。类似管道流的工作机制，需要在配置文件中定义中间件的优先级。

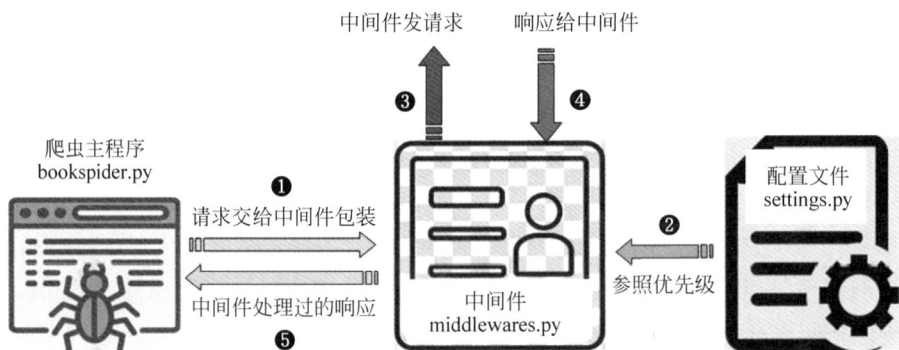

图 9.14 中间件工作模式

（1）修改请求。

在请求发送之前，可以在中间件中修改请求的参数、请求头、代理等信息。

（2）修改响应。

在响应返回给爬虫之前，可以对响应数据进行处理，例如修改响应内容、解析 HTML或 JSON 数据等。

（3）错误处理和重试。

如果请求失败或响应不符合预期，则可以在中间件中处理这些错误，例如请求失败时重试、处理超时、记录日志、处理错误响应等。

（4）管理会话、Cookie 或其他请求状态。

可以在中间件中跟踪会话、管理登录状态、设置和传递 Cookie。

（5）执行异步任务。

Scrapy 中的中间件可以与异步任务结合，支持并发请求等，例如实现代理池、处理 API 请求等。

（6）middlewares.py 文件预定义的中间件。

项目初始化时会预定义一些基础中间件，例如请求的重试、下载超时、用户代理设置等。

（7）创建自定义中间件。

可以在 middlewares.py 文件中编写自定义的中间件类。这些类可以继承 Scrapy 的基类，并重载相应的方法，如处理请求的方法 process_request()、处理响应的方法 process_response() 和处理异常的方法 process_exception() 等。

9.5.4　随机用户代理

Web 服务器使用 User-Agent 字段来识别请求者的浏览器、操作系统和设备类型，从而决定如何响应请求。如果发现 User-Agent 是爬虫工具默认的标识（如 Scrapy/x.xx），网站服务器可能会拒绝来自爬虫的访问请求。通过 Scrapy 的中间件修改请求的 User-Agent 属性，使爬虫发送的请求貌似来自真实的浏览器，可以突破这一反爬技术。

程序段 9.5.4.1 展示如何在 Scrapy 中伪装 User-Agent 来突破反爬虫技术。

```python
#9.5.4.1 在 middlewares.py 中定义伪装的 User - Agent
import random
class UserAgentMiddleware:              #用户代理中间件
    USER_AGENTS = [
        "Mozilla/5.0 (Windows NT 9.0; Win64; x64) AppleWebKit/537.36 \
        (KHTML, like Gecko) Chrome/114.0.0.0 Safari/537.36",
        "Mozilla/5.0 (Macintosh; Intel Mac OS X 10_15_7) AppleWebKit/537.36 \
        (KHTML, like Gecko) Chrome/114.0.0.0 Safari/537.36",
        "Mozilla/5.0 (iPhone; CPU iPhone OS 14_6 like Mac OS X) AppleWebKit/605.1.15 \
        (KHTML, like Gecko) Version/14.1.1 Mobile/15E148 Safari/604.1",
    ]
    def process_request(self, request, spider):
        #随机选择一个 User - Agent
        user_agent = random.choice(self.USER_AGENTS)
        request.headers['User - Agent'] = user_agent
        spider.logger.info(f"本次请求采用 User - Agent: {user_agent}")
```

程序段 9.5.4.1 自定义的中间件类 UserAgentMiddleware 需要在 settings.py 文件中配置其优先级。

```python
# 在 settings.py 文件中配置中间件的优先级
# 中间件优先级
DOWNLOADER_MIDDLEWARES = {
    'bookscraper.middlewares.UserAgentMiddleware': 400,
}
```

DOWNLOADER_MIDDLEWARES 是字典结构，"键"是中间件的路径，"值"是该中间件的优先级。数字越小,优先级越高。

程序段 9.5.4.2 在随机 User-Agent 的基础上,增加随机 IP 代理设置。

```
#9.5.4.2 随机 User - Agent 与随机用户代理
class ProxyAndUserAgentMiddleware:
    USER_AGENTS = [
        "Mozilla/5.0 (Windows NT 10.0; Win64; x64)...",
        "Mozilla/5.0 (Macintosh; Intel Mac OS X 10_15_7)...",
        "Mozilla/5.0 (iPhone; CPU iPhone OS 14_6 like Mac OS X)...",
    ]
    PROXIES = [
        "http://123.45.67.89:8080",
        "http://98.76.54.32:3128",
        "http://101.11.121.13:80",
    ]
    def process_request(self, request, spider):
        #随机设置 User - Agent
        user_agent = random.choice(self.USER_AGENTS)
        request.headers['User - Agent'] = user_agent
        #随机设置代理
        proxy = random.choice(self.PROXIES)
        request.meta['proxy'] = proxy
        spider.logger.info(f"当前代理 User - Agent: {user_agent} | Proxy: {proxy}")
```

如果希望将 Scrapy 的日志信息保存到文件中,可以在 settings.py 文件中设置 LOG_FILE 来指定日志文件的路径,设置 LOG_LEVEL 来指定日志级别。

将日志保存到文件中并且设置日志级别为 INFO,配置 settings.py 如下。

```
#配置日志文件
LOG_FILE = 'scrapy_output.log'                                    #指定日志文件
LOG_LEVEL = 'INFO'                                                #设置日志级别为 INFO
LOG_FORMAT = '% (asctime)s [ % (name)s] % (levelname)s: % (message)s' #自定义日志格式
```

9.5.5　浏览器全模拟

真实完整模拟浏览器请求是爬虫绕过拒止与拦截的另一种常见方式。使用 Selenium 等浏览器自动化工具可以模拟完整的浏览器行为,并且可以执行 JavaScript 获取渲染后的动态页面内容。

程序段 9.5.5 基于 Scrapy 框架和 Selenium 框架结合,实现了一套完整的反爬虫综合技术方案。

```
#9.5.5 Scrapy + Selenium 反爬虫综合技术方案
#【1】在 middlewares.py 中定义中间件
from scrapy.http import HtmlResponse
from selenium import webdriver    #pip install selenium 并安装浏览器驱动
class SeleniumMiddleware:
    def __init__(self):
        #加载浏览器驱动,模拟真实浏览器
        self.driver = webdriver.Chrome()
    def process_request(self, request, spider):
```

```
        self.driver.get(request.url)
        body = self.driver.page_source
        return HtmlResponse(url = request.url, body = body, encoding = 'utf - 8', request = request)
#【2】在 settings.py 中定义优先级
DOWNLOADER_MIDDLEWARES = {
    'bookscraper..middlewares.SeleniumMiddleware': 543,
}
#【3】在 middlewares.py 中定义中间件
class BrowserSimulationMiddleware:
    USER_AGENTS = [
        "Mozilla/5.0 (Windows NT 10.0; Win64; x64) AppleWebKit/537.36 \
        (KHTML, like Gecko) Chrome/91.0.4472.124 Safari/537.36",
        "Mozilla/5.0 (Macintosh; Intel Mac OS X 10_15_7) AppleWebKit/537.36 \
        (KHTML, like Gecko) Chrome/91.0.4472.124 Safari/537.36",
    ]
    PROXIES = [
        "http://proxy1.example.com:8080",
        "http://proxy2.example.com:8080",
    ]
    def process_request(self, request, spider):
        # 设置随机 User - Agent
        user_agent = random.choice(self.USER_AGENTS)
        request.headers['User - Agent'] = user_agent
        # 设置 Referer
        request.headers['Referer'] = 'https://www.example.com'
        # 设置随机代理
        proxy = random.choice(self.PROXIES)
        request.meta['proxy'] = proxy
        # 添加 Cookie
        request.cookies = {'session_id': 'your_session_id'}
        spider.logger.info(f"Requesting {request.url} with User - Agent: {user_agent} via Proxy: {proxy}")
```

程序段 9.5.5 结合了 Scrapy 的高效抓取与 Selenium 的浏览器模拟能力,通过自定义中间件优化抓取请求,从多个层面突破反爬虫机制。具体表现在以下方面。

(1) 模拟浏览器,突破 JavaScript 动态加载。

通过 Selenium 模拟真实浏览器的行为,可以获取页面完全加载后的内容,弥补了 Scrapy 不支持 JavaScript 渲染内容的缺陷。

(2) 增强隐蔽性,降低被识别的风险。

采用了多重伪装技术,使用随机 User-Agent,使每次请求看起来像是来自不同的浏览器和设备;设置 Referer,模拟从合法页面跳转而来,增加可信度;添加 Cookies,模拟已登录的用户状态或维持会话。模拟真实用户的请求模式,隐藏爬虫特征,减少被反爬虫技术检测的风险,提高数据抓取成功率。

(3) 利用代理,避免 IP 被封禁。

频繁从同一 IP 访问会触发目标网站的反爬机制,导致 IP 被封禁。通过随机切换代理,隐藏真实 IP,实现高频访问而不被限制。

(4) 中间件可扩展性好,灵活性强。

基于中间件实现爬虫功能模块化,SeleniumMiddleware 用于处理动态页面。

BrowserSimulationMiddleware 伪装请求,用于增强隐蔽性。

（5）记录日志信息,便于调试与监控。

日志记录请求的 URL、User-Agent、代理等信息,通过日志分析,可以优化抓取策略,更换不可用代理,提高爬虫的稳定性和可靠性。

本章小结

本章围绕 Scrapy 编程框架的基本原理与实战应用,以抓取目标网站公开的图书信息作为应用场景,以图书爬虫的核心逻辑演进为主线,详细讲解了 Scrapy 环境的安装与配置,系统阐述了 Scrapy 爬虫的工作流程,实践了数据的结构化方法、数据管道流的设计方法、中间件的设计方法以及如何将抓取的数据存储到文件和数据库的方法。

本章借助 IPython 的交互命令行环境,有效降低了学习难度,帮助读者轻松理解 CSS 选择器和 XPath 选择器获取数据的基本方法。

面对目标网站的反爬机制,解析了拒止与拦截的原理,通过 Scrapy 中间件实现了随机用户代理和浏览器模拟请求等反爬应对策略。强调了爬虫技术应该遵循的道德操守和数据保护规定。

习题

一、思考题

1. 简述网络爬虫的主要类型及其应用场景。

2. 列举常见的爬虫框架,分别说明其适用场景和特点。

3. 什么是 Scrapy 框架? 其主要功能和优势是什么?

4. 描述 Scrapy 项目的目录结构,解释其中各文件或文件夹的作用。

5. 什么是爬虫主程序? Scrapy 项目中如何定义爬虫?

6. 什么是 Scrapy 的选择器?

7. 使用 XPath 和 CSS 选择器分别写出以下需求的表达式。

（1）选择< div class="book-title">中的文本内容。

（2）选择所有< a >标签的 href 属性。

8. 数据管道的作用是什么? 描述 Scrapy 的工作流机制。

9. Scrapy 中如何将抓取的数据存储到数据库? 简述其主要步骤。

10. 简述常见的反爬虫技术及其原理。

11. Scrapy 中间件的作用是什么? 如何通过中间件实现随机用户代理?

12. 浏览器模拟请求的原理是什么? 在 Scrapy 中如何结合 Selenium 实现动态页面解析?

13. 阐述爬虫应用不当可能面临的道德与合规风险有哪些,应该如何避免。

二、编程题

1. 使用 Scrapy 选择器编写一个函数,提取以下 HTML 结构中的所有链接地址和文本内容。

```
<ul>
    <li><a href = "http://example.com/page1">好好学习</a></li>
    <li><a href = "http://example.com/page2">天天向上</a></li>
</ul>
```

2．创建一个 Scrapy 爬虫项目并实现以下功能。

（1）抓取某个在线图书商城的书籍名称和价格信息。

（2）将抓取的数据保存为 JSON 文件。

3．编写一个实现应对反爬技术的中间件类。

（1）为一个 Scrapy 爬虫项目添加随机 User-Agent 和随机代理，要求通过中间件设置请求头和代理。

（2）如果需要，请使用 Selenium 和 Scrapy 结合的方式，抓取一个动态加载的网页，并解析其中的指定数据。

4．设计一个爬虫获取某电子商务网站的商品信息，需求如下。

（1）抓取商品名称、价格、评分、评论数量等信息。

（2）抓取带有分页的多页数据，并存储到文件或 MySQL 数据库中。

（3）添加反爬应对策略，包括随机 User-Agent 和代理设置。

（4）如果需要，请使用 Selenium 处理商品详情页面的动态数据。

图书资源支持

感谢您一直以来对清华版图书的支持和爱护。为了配合本书的使用,本书提供配套的资源,有需求的读者请扫描下方的"书圈"微信公众号二维码,在图书专区下载,也可以拨打电话或发送电子邮件咨询。

如果您在使用本书的过程中遇到了什么问题,或者有相关图书出版计划,也请您发邮件告诉我们,以便我们更好地为您服务。

我们的联系方式:

清华大学出版社计算机与信息分社网站:https://www.shuimushuhui.com/

地　　址:北京市海淀区双清路学研大厦 A 座 714

邮　　编:100084

电　　话:010-83470236　010-83470237

客服邮箱:2301891038@qq.com

QQ:2301891038(请写明您的单位和姓名)

资源下载: 关注公众号"书圈"下载配套资源。

资源下载、样书申请

图书案例

书圈

清华计算机学堂

观看课程直播